U0297068

· 四川省 2021—2022 年度重点图书出版规划项目

· 四川出版发展公益基金会资助项目

· 中国会馆建筑遗产研究丛书

山东会馆

赵逵　高亚群 ◎ 著

西南交通大学出版社

· 成 都 ·

图书在版编目（CIP）数据

山东会馆 / 赵逵，高亚群著. -- 成都：西南交通
大学出版社，2025. 1
ISBN 978-7-5643-9739-5

Ⅰ．①山… Ⅱ．①赵… ②高… Ⅲ．①会馆公所－古
建筑－建筑艺术－研究－山东 Ⅳ．①TU-092.953

中国国家版本馆 CIP 数据核字（2024）第 029471 号

Shandong Huiguan

山东会馆

赵　逵　高亚群　著

策划编辑　赵玉婷
责任编辑　杨　勇
封面设计　曹天擎

出版发行　西南交通大学出版社
　　　　　（四川省成都市金牛区二环路北一段 111 号
　　　　　西南交通大学创新大厦 21 楼）
邮政编码　610031
营销部电话　028-87600564　028-87600533
审图号　GS 川（2024）293 号
网址　https://www.xnjdcbs.com
印刷　四川玖艺呈现印刷有限公司

成品尺寸　170 mm×240 mm
印张　13.75
字数　190 千
版次　2025 年 1 月第 1 版
印次　2025 年 1 月第 1 次
定价　98.00 元
书号　ISBN 978-7-5643-9739-5

图书如有印装质量问题　本社负责退换
版权所有　盗版必究　举报电话：028-87600562

　　明清至民国，在中国大地甚至海外，建造了大量精美绝伦的会馆。中国会馆之美，不仅有雕梁画栋之美，而且有其背后关于历史、地理、人文、交通、移民构成的商业交流、文化交流的内在关联之美，这也是一种蕴藏在会馆美之中的神奇而有趣的美。明清会馆到明中晚期才开始出现，这个时候在史学界被认为是中国资本主义萌芽、真正的商业发展时期，到了民国，会馆就逐渐消亡了，所以我们现在看到的会馆都是晚清民国留下来的，现在各地驻京办事处、驻汉办事处，就带有一点过去会馆的性质。

　　会馆是由同类型的人在交流的过程当中修建的建筑：比如"江西填湖广、湖广填四川"大移民中修建的会馆，即"移民会馆"；比如去远方做生意的同类商人也会建"商人会馆"或"行业会馆"，像船帮会馆，就是船帮在长途航行时在其经常聚集的地方建造的祭拜行业保护神的会馆，而由于在不同流域有不同的保护神，所以船帮会馆也有很多名称，如水府庙、杨泗庙、王爷庙等。会馆的主要功能是有助于"某类人聚集在一起，对外展现实力，对内切磋技艺，联络感情"，它往往又以宫堂庙宇中神祇的名义出现。湖广人到外省建的会馆就叫禹王宫，江西人建万寿宫，福建人建天后宫，山陕人建关帝庙，等等。

很多人会问：“会馆为什么在明清时候出现？到了民国的时候就慢慢地消失了？”其实在现代交通没有出现的时候，如没有大规模的人去外地，则零星的人就建不起会馆；而在交通非常通畅的时候，比如铁路出现以后，大规模的人远行又可以很快回来，会馆也没有存在的必要。只有当大规模人口流动出现，且流动时间很长，数个月、半年或更久才能来回一趟，则在外地的人就会有思乡之情，由此老乡之间的互相帮助才会显现，同行业的人跟其他行业争斗、分配利益，需要扎堆拧成绳的愿望才会更强。明清时期，在商业群体中，商业纷争很大程度上是通过会馆、公所来解决的，因此在业缘型聚落里，会馆起着管理社会秩序的重要作用。同时，会馆还会具备一些与个人日常生活相关的社会功能，比如：有的会馆有专门的丧房、停尸房，因过去客死外地的人都要把遗体运回故乡，所以会先把遗体寄存在其同乡会馆里，待条件具备的时候再运回故乡安葬；也有一些客死之人遗体无法回乡，便由其同乡会馆统一建造“义冢”，即同乡坟墓，这在福建会馆、广东会馆中尤为普遍。

　　会馆还有一个重要功能即“酬神娱人”，所有会馆都以同一个神的名义把这些人们聚集在一起。在古代，聚集这些人的活动主要是唱大戏，演戏的目的是酬神，同时用酬神的方式来娱乐众生。商人们为了表现自己的实力，在戏楼建设方面不遗余力，谁家唱的戏大、唱的戏多，谁就更有实力，更容易在商业竞争中胜出。所以戏楼在古代会馆中颇为重要，比如湖广会馆现在依然是北京一个很重要的交流、唱戏和吃饭的戏窝子。中国过去有三个很重要的戏楼会馆：北京的湖广会馆、天津的广东会馆、武汉的山陕会馆。京剧的创始人之一谭鑫培去北京的时候，主要就在北京的湖广会馆唱戏，孙中山还曾在这里演讲，国民党的成立大会就在这里召开。如今北京湖广会馆仍然保存下来一个20多米跨度的木结构大戏楼。这么大的跨度现在用钢筋混凝土也不容易建起来，在清中期做大跨度木结构就更难了。天津的广东会馆也有一个20多米大跨度的戏楼，近代革命家如孙中山、黄兴等，都曾选择这里做演讲，现在这里成为戏剧博物馆，每天仍有戏曲在上演。武汉的山陕会馆只剩下一张老照片，现在武汉园博园门口复建了一个山陕会馆，但跟当年山陕会馆的规模不可同日而语。《汉口竹枝词》对山陕会馆有这么一些描述："各帮台戏早标红，探戏闲人信息通"，意思是戏还没开始，各帮台戏就已经标红、已经满座了，而路上全是在互相打听那边的戏是什么样儿的人；"路上更逢烟桌子，但随他去不愁空"，即路上摆着供人喝茶、抽烟的桌子，人们坐在那儿聊天，因为人很多，所以不用担心人员流动会导致沿途摆的茶位放空。现今三大会馆的两个还在，只可惜汉口的山陕会馆已经消失了。

从会馆祭拜的神祇也能看出不同地域文化的特点。

湖广移民会馆叫"禹王宫"，为什么祭拜大禹？其实这跟中国在明清之际出现"江西填湖广，湖广填四川"的大移民活动有关，也跟当时湖广地区（湖南、湖北）的治水历史密切相关。"湖广"为"湖泽广大之地"，古代曾有"云梦泽"存在，湖南、湖北是在晚近的历史时段才慢慢分开。我们现今可以从古地图上看出古人的地理逻辑：所有流入洞庭湖或"云梦泽"的水所覆盖的地方就叫湖广省，所有流入鄱阳湖的水所覆盖的地方就叫江西省，所有流入四川盆地的水所覆盖的地方就叫四川省。湖广盆地的水可以通过许多源头、数千条河流进来，却只有一条河可以流出去，这条河就是长江。由于水利技术的发展，现在的长江全线都有高高的堤坝，形成固定的河道，而在没有建成堤坝的古代，一旦下起大雨来，我们不难想象湖广盆地成为泽国的样子。唐代诗人孟浩然写过一首诗《望洞庭湖赠张丞相》，对此做了非常形象的描绘："八月湖水平，涵虚混太清"——八月下起大雨的时候，所有的水都汇集到湖广盆地，形成了一片大的水泽，连河道都看不清了，陆地和河流混杂在一起，天地不分；"气蒸云梦泽，波撼岳阳城"——此时云梦泽的水汽蒸腾，凶猛的波涛似乎能撼动岳阳城，这也说明云梦泽和洞庭湖已连在了一起；"欲济无舟楫，端居耻圣明"——因为看不清河道，船只也没有了，做不了事情只能等待，内心感到一些惭愧；"坐观垂钓者，徒有羡鱼情"——坐观垂钓的人，羡慕他们能够钓到鱼。这首唐诗说明，到唐代时江汉平原、湖广盆地的云梦泽和洞庭湖仍能连成一片，这就阻碍了这一地区大规模的人口流动，会馆也就不会出现。而到了明清，治水能力有了大幅提升，水利设施建设不断完备，江、汉等河流体系得到比较有效的管理，使得湖广盆地不会再出现唐代那样的泽国情形，大量耕地被开垦出来，移民被吸引而来，城市群也发展起来，其中最具代表性的就是"因水而兴"的汉口。明朝时汉口还只是一个小镇，因为在当时汉口并不是汉水进入长江的唯一入江口。而到了清中晚期，大量历史地图显示，在汉水和长江上已经修建了许多堤坝和闸口，它们使得一些小河中的水不能自由进入汉水和长江里。当涨水时，水闸要放下来，让长江、汉水形成悬河。久而久之，这些闸口就把这些小河进入长江和汉水的河道堵住了，航路也被切断，汉口成了我们今天能看到的汉水唯一的入江口，从而成为中部水运交通最发达的城市。由于深得水利之惠，湖广移民在外地建造的会馆就祭拜治水有功的大禹，会馆的名字就叫"禹王宫"，在重庆的湖广会馆禹王宫现在还是移民博物馆。同样，"湖广填四川"后的四川会馆也祭拜治水有功的李冰父子。

福建会馆为什么叫"天后宫"？福建会馆是所有会馆中在海外留存最多的，国外有华人聚集的地方一般就有天后宫，尤其在东南亚国家更是多不胜数。祭拜天后主要是因为福建是一个海洋性的省，省内所有河流都发源于省内的山脉，并从自己的地界流到大海里面。要知道天后也就是妈祖，是传说中掌管海上航运的女神。天后原名林默娘，被一次又一次册封，最后成了天妃、天后。天后出生于莆田的湄洲岛，全世界的华人特别是东南亚华人，在每年天后的祭日时就会到湄洲岛祭拜。在莆田甚至还有一个林默娘的父母殿。福建会馆的格局除了传统的山门戏台，还在后面设有专门的寝殿、梳妆楼，甚至父母殿，显示出女神祭拜独有的特征。另外在建筑立面上可以看到花花绿绿的剪瓷和飞檐翘角，无不体现出女神建筑的感觉。包括四爪盘龙柱也可以用在女神祭拜上，而祭男神则是不可能做盘龙柱的。最特别的是湖南芷江天后宫，芷江现在的知名度不高，但以前却是汉人进入西部土家族、苗族聚居区一个很重要的地方。芷江天后宫的石雕十分精美，在山门两侧有武汉三镇和洛阳桥的石雕图案。现在的当地居民都已不知道这里为何会出现这样的石雕图案。武汉三镇石雕图案真实反映了汉口、黄鹤楼、南岸嘴等武汉风物，能跟清代武汉三镇的地图对应起来。洛阳桥位于泉州，泉州又是海上丝绸之路的出发点。当时福建的商人正是从泉州洛阳桥出发，然后从长江口进入洞庭湖，再由洞庭湖的水系进入湖南湘西。这就可以解释为什么芷江的天后宫有武汉三镇和洛阳桥的石雕图案，它们从侧面反映出芷江以前是商业兴旺、各地人口汇聚的区域中心。根据以上可以看出，福建天后宫分布最广的地段一个是海岸线沿线地区，另一个是长江及其支流沿线地区。

总的来说，从不同省的会馆特点以及祭拜的神祇就可以看出该地区的历史文化、山川河流以及古代交通状况。

中国最华丽的会馆类型是山陕会馆。中国历史上有"十大商帮"的说法，其中哪个商帮的经济实力最强见仁见智，但就现存会馆建筑来看，由山陕商帮建造的山陕会馆无疑最为华丽，反映出山陕商帮的经济实力超群。为什么山陕商帮有如此超群的经济实力？山陕商帮的会馆有个共同的名字：关帝庙，即祭拜关羽的地方。很多人说是因为关羽讲义气，山陕商人做生意也注重讲义气，所以才选择祭拜他。但讲义气的神灵也很多，山陕商人单单选关羽来祭拜还有更深层的含义。山陕商人是因为开中制才真正发家的。开中制是明清政府实行的以盐为中介，招募商人输纳军粮、马匹等物资的制度。其中盐是最重要的因素，以盐中茶、以盐中铁、以盐中布、以盐中马，所有东西都是以盐来置换。盐是一种很独特的商品，人离不开盐，如果长期不吃盐的话人就会有生命危险。但盐的产地是很有限的，大多是海边，除了边疆，内地特别是中原地区只有山西运城解州的盐湖，这里生产的食盐主要供应山西、陕西、河南居民食用，也是北宋及以前历代皇家盐场所在。关羽的老家就在这个盐湖边上，其生平事迹和民间传说都与盐有关。所以，山陕商人祭拜关羽一是因为他讲义气，二是因为关羽象征着运城盐湖。山陕会馆的标配是大门口的两根大铁旗杆子，这与山西太原铁是当时最好的铁有关，唐诗"并刀如水"形容的就是太原铁做的刀，而山西潞泽商帮也是因运铁而出名的商帮。古代曾实行"盐铁专卖"，这两大利润最高的商品都跟山陕商帮有关，所以他们积累下巨额财富，而这些在山陕会馆的建筑上也都有体现。

会馆这种独特的建筑类型，不仅是中国古代优秀传统建造技艺的结晶，更是历史的见证。它记录了明清时期中国城市商业的繁荣、地域经济的兴衰、交通格局的变化以及文化交流的加强过程。我们不能仅从现代的视角去看待这些历史建筑，而应该置身于古代的地理环境和人文背景下，理解古人的行为和思想。对会馆的深入研究可能会给明清建筑风格衍化、传统技艺传承机制、古代乡村社会治理方式等的研究，提供新视角。

2024年6月写于赵逵工作室

明清至民国时期，在人地矛盾以及商品经济快速发展的双重因素影响下，很多山东人开始"弃农从商"，鲁商逐渐兴起。同时得益于山东"通官道、走运河、兴海运"的便利交通体系，鲁商及鲁商文化持续发展，并逐渐走出山东，走向全国。山东会馆建筑是鲁商文化中最具代表性的物质载体，这不仅体现在建筑整体的平面布局及空间序列上，还体现在建筑的形制与结构、装饰与细部等特征上。

本书以鲁商文化传播为视野聚焦其传播路线上的山东会馆建筑实体，研究了山东商人在省内外经商的活动轨迹与鲁商文化传播路线，试图建立起历史上及现存的山东会馆在全国的分布与鲁商文化传播路线之间的映射关系。基于此，对山东会馆信仰特征、建筑空间及形态特征进行全面深入的研究，并甄选出各路线的山东会馆实例进行具体分析。

　　本书对山东会馆的研究从五个层面逐步展开。第一，从经济背景与地理条件两方面研究鲁商的兴起，基于此从兴起缘由、社会功能及发展流变三个层面研究山东会馆的兴起与发展，并从会馆等级及性质两方面对其进行分类研究；第二，梳理了鲁商文化的传播路线，并总结出山东会馆的总体分布特征及具体分布路线；第三，研究了鲁商文化传播路线上的山东会馆信仰特征，以及"祭孔子、拜关帝、祀河神、崇天妃"的多元信仰格局，其中河神与天妃具有明显的"沿运、沿海"的特征；第四，基于实地调研与研究，从会馆的选址与布局、形制与结构、装饰与细部等方面归纳总结出山东会馆建筑空间及形态特征，并从地域、风格、地形三个层面比较其差异；第五，甄选出运河沿线、海运沿线及其他地区有代表性的十座山东会馆实例进行具体分析研究，展现会馆建筑的历史沿革及选址、建筑布局及功能、建筑形制及结构、装饰及细节等。本书最后还总结了历史上及现存的中国山东会馆名录，以期为山东会馆的进一步研究及保护提供相关信息及些许帮助。

第一章
山东会馆的
产生与分类

第一节　鲁商发展的历史背景

鲁商是山东会馆的兴建主体。鲁商的起源可以追溯到春秋战国时期，齐鲁桑麻鱼盐兴盛，很早就产生了以子贡、陶朱公等为代表的职业商人。清代举人王培荀说："山东滨海，渔盐之利甲天下。"①山东地区近海多山，资源丰富，又依托大运河，拥有商品贸易发展的天然优势，为各地商帮在此汇聚及鲁商走出山东提供了便利。本节主要从经济背景、地理条件等方面探究鲁商发展的历史背景，同时也为研究鲁商文化传播的线路及山东会馆的分布奠定基础。

一、经济背景：人地矛盾与经济发展双重因素作用下的商贸活动

鲁商在明清时期持续发展，主要是受到人地矛盾和商品经济发展双重因素的作用。人地矛盾促使人们"弃农从商"，并加速了山东商人走出州县、走出省甚至走向国外进行商贸活动的进程；商品经济的发展在促进商贸活动的同时也为山东商人在外大量兴建会馆提供了经济基础。

（一）人地矛盾尖锐导致的"弃农从商"与移民迁徙

在以农业为主的封建社会中，耕地和人口是促进社会发展最主要的生产要素。明清时期，山东地区人地矛盾问题比较突出，过快增长的人口造成土地资源的负担加重，导致部分农业人口开始转型，参与商品流通的过程，从而带动了商业的发展。

明清时期，山东地区的人口剧增，人口密度较大。得益于明清时期国家采取的改革赋役制度、稳定经济发展、鼓励移民屯垦等举措，人口得到

---

① 杨涌泉. 山东商帮经营之道[J]. 现代国企研究，2012（4）：94-96.

了快速的增长。以清朝康乾时期为例，这一时期社会安定，经济发展，国家奖励垦荒，山东地区的人口逐年增长。从1724年到1767年，经过40多年的发展，山东地区的人口已经翻倍（见图1-1）。尤其到光绪年间，山东地区的人口几乎每10年增加百万，人口密度高居全国首位。

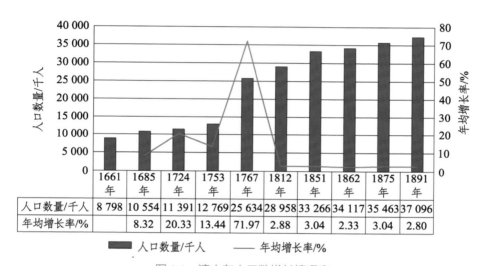

图 1-1　清山东人口数增长情况表

（数据来源于孙百亮：《清代山东地区的人地矛盾与农业危机》，
载《枣庄师范专科学校学报》2003 年第 5 期，第 48-54 页）

	1661年	1685年	1724年	1753年	1767年	1812年	1851年	1862年	1875年	1891年
人口数量/千人	8 798	10 554	11 391	12 769	25 634	28 958	33 266	34 117	35 463	37 096
年均增长率/%		8.32	20.33	13.44	71.97	2.88	3.04	2.33	3.04	2.80

■ 人口数量/千人　　— 年均增长率/%

人口快速增长的同时，作为农业生产基础物质资料的土地，其面积增长的幅度却远远跟不上。明末清初，战乱频起，山东地区出现大量荒地，清朝时期实行奖励垦殖政策，土地面积有所增加。直到康熙年间，适耕土地已基本开垦完毕，但是人口依然在快速增长，人地矛盾逐渐突出。从山东人均耕地面积的增长情况可以看出（见表1-1），从顺治到光绪年间，人均耕地面积几乎一直在下降（除顺治到康熙段因上述原则有小幅增长），土地资源面临的压力可想而知。

表 1-1　清山东耕地面积表

年　代	耕地 / 千亩	人均耕地 / 亩
顺治十八年（1661 年）	74 133	8.43
康熙二十四年（1685 年）	92 526	8.77
雍正二年（1724 年）	99 258	8.71
乾隆十八年（1753 年）	99 347	7.76
乾隆三十一年（1766 年）	99 914	3.86
嘉庆十七年（1812 年）	98 634	3.40
咸丰元年（1851 年）	98 472	2.96
同治十二年（1873 年）	98 472	2.79
光绪十三年（1887 年）	125 941	3.43

　　注：1亩约为666.67平方米。

　　数据来源于孙百亮：《清代山东地区的人地矛盾与农业危机》，载《枣庄师范专科学校学报》2003年第5期，第48-54页。

　　此外，山东地区的耕地人均亩产量水平较低，远远不及南方省份，甚至不足南方各省份的一半（如图1-2），并且粮食的人均占有量也处于较低水平。同时，明清时期山东水旱灾害频发，农田受灾，粮食减产，对农业生产造成了巨大的破坏和影响，也加剧了山东地区的人地矛盾。

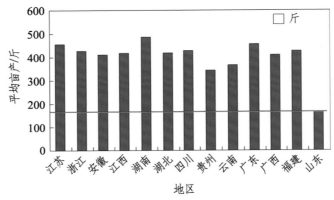

图 1-2　山东与南方各省粮食平均亩产示意图

（来源于牛贯杰：《17~19世纪中国的市场与经济发展》，黄山书社2008年版）

由此可见，明清山东面临着尖锐的人地矛盾，使人们不得不"弃农从商"，甚至背井离乡外出寻求生计。因此，清中后期，随着清政府东北地区政策的逐渐放开，作为"龙兴之地"的关东地区吸引了大批山东人进入，迁移人数最多时达百万，由此开启了"闯关东"的移民浪潮。来到东北的山东人除开垦耕地之外，有相当比例的人在当地经营饭庄、百货、粮油、煤矿等产业。山东会馆作为山东商人在异地建立的商人组织，也随着鲁商"闯关东"的足迹在东北地区遍地开花。

（二）商品经济发展带来的商贸活动与会馆兴建

商品经济的快速发展是鲁商兴起与发展壮大的物质条件，同时为山东会馆在各地的兴建提供经济基础。明清时期，山东地区的农业、手工业和鱼盐业等产业逐渐开始商品化，对当时的社会秩序和产业结构都产生了重大的影响，山东商帮也因此崛起。同时，在商品流通的过程中，山东运河沿岸和沿海地区都兴起了许多商业城镇，也为鲁商行商提供了广阔的平台。

山东商帮经营的内容几乎涵盖了农业、手工业等各行各业，这从鲁商在全国各地兴建的会馆中也可以得见：有济南丝绸商兴建的盛泽济东会馆，有东昌枣商兴建的枣商会馆，有胶东海商兴建的金州天后宫，有临清木商兴建的潇江会馆，有周村盐商兴建的淞陵会馆，有钱业商人兴建的福德会馆，等等。这些商人会馆的兴建得益于明清时期山东发达的商品经济，主要表现为农业、手工业和海产业等产业的商品化（见表1-2）。

表 1-2　明清山东地区农产品相关商贸活动记载

产业类型	相关记载	记载文献
棉花产业	（1）（棉花）六府皆有之，东昌尤多，商人贸于四方，其利甚博 （2）木棉市集……四方贾客云集，每日交易以数千金计 （3）商贩转售，南赴沂水，北往关东 （4）妇女皆勤于织纺，男则抱而贸于市	（1）嘉靖《山东通志》 （2）嘉庆《清平县志》 （3）乾隆《蒲台县志》 （4）咸丰《滨州志》

产业类型	相关记载	记载文献
粮食加工业	（1）（豆油）每年出售万篓 （2）（花生油）为行销外境之大宗，每岁约进银万余两 （3）临清酱菜冠于全省……推销最远	（1）乾隆《蒲台县志》 （2）咸丰《滨州志》 （3）民国《临清县志》
桑柘丝织业	（1）（临清）货卖者俱堂邑、冠县、馆陶人，（每集）不下千余匹 （2）沂水建有山绸会馆"为山绸客公会之所，颇为壮丽可观"	（1）乾隆《临清州志》 （2）清·吴树声《沂水话桑麻》
烟草业	（寿光）不数年而乡村遍植（烟草），负贩者往来如织	嘉庆《寿光县志》
花卉业	（曹州）土人捆载之（牡丹），南浮闽粤，北走京师	光绪《新修菏泽县志》
干鲜果品业	（1）（青州市饼）远销江淮闽粤。颇为民利 （2）（果品）每岁为他商预出直，鬻江南贾厚利	（1）咸丰《青州府志》 （2）《古今图书集成》

农业及其相关产品是山东商人的主要经营内容，也形成了较大的商帮在外行商并建立会馆。以丝绸业为例，山东丝绸商人在各地兴建会馆：如在江苏丝绸重镇盛泽就有济南府丝绸商兴建的济东会馆（见图1-3）与济宁府商人兴建的济宁会馆，山东、河南丝绸商人在松江府上海县新闸大王庙后建立丝绸公所；在山东沂水县，丝绸商人也曾设立山绸会馆；等等。

图1-3 济南丝绸商所建济东会馆

此外，海盐等产品也是鲁商经营的主要产品，明清鲁商的盐业商贸活动多分布在鲁中及胶东半岛地区。以周村的盐商为例，其通过大清河、小清河等将盐运往山东西部运河区域，并在当地兴建会馆，如周村盐商在聊城阿城镇兴建的淤陵会馆。

商品经济还带动了集市和城镇的发展，给山东商帮行商经营提供了广阔的平台。集市是商品贸易交往的重要场所，山东在明清时期形成了密集的农村集市网络，为商品流通转运行销提供了强有力的空间载体（如图1-4）。商业城镇主要分布在西部运河沿岸和东部沿海地区，在商品贸易中发挥着枢纽的重要作用。

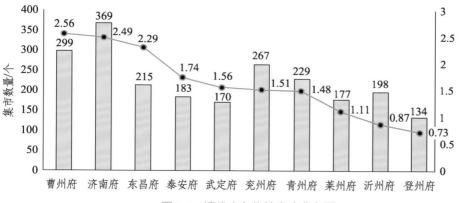

图 1-4　清代山东集镇密度分布图

（数据来源于许檀：《明清时期山东经济的发展》，载《中国经济史研究》1995 年第 3 期）

综上，除了经济发展和人地矛盾的双重因素的影响，近现代城市的商业开埠、现代交通方式的进步、近现代企业制度的引进等也在一定程度上促进了鲁商的商贸活动和发展。山东是东部沿海商业开埠的重要省份，烟台、济南、青岛等商埠区的开放为贸易活动提供了一片自由之地；近现代青岛港、烟台港等港口建设，胶济铁路、津浦铁路的开通为商品运输提供了便利；西方股份制公司制度的引进对会馆这一带有或同乡或同业性质的组织产生了重要的影响，也加速了会馆的演进和转变。

二、地理条件："通官道、走运河、兴海运"的便利交通体系

崛起于明清之际的山东商帮之所以能够雄踞于四方，还得益于山东重要的地理区位与便利的交通优势。首先地理位置优越，山东坐海岱之间，拥五岳之尊，西接太行山，东临黄渤海，兼得山河湖海之势，与辽东半岛一起共扼渤海，拱卫京畿。山东通南达北，极为便利，北邻京冀，南接江苏。山东居太行山以东，古人多坐北面南，常以左为东，"山左"也即山东。因此，部分山东会馆也被叫作"山左会馆"。

山东地区交通自古就较为发达，官道驿路纵横贯通，水网密布河运发达，海港优良海运兴盛，为商贸活动提供了交通上的便利。得益于此，山东会馆遍布全国各地，在水运交汇的城镇或海运港口，都能够看到山东商人兴建的会馆的踪迹。

（一）通官道：官道驿路，纵横贯通

陆运交通方面，山东地区为南北过渡地带，是北抵京师、南下江浙的必由之路。山东地区陆运交通线路的发展与政治环境关系密切，呈现出"东西大道率先形成，南北官路后续发展，最后形成纵横贯通的陆运交通网络格局"的发展特点。

清代山东陆运道路的建设比明朝时期更加完善。以北京为中心，建设有与各省省城连接的官马大路。清代山东南北向有两条重要的官路：一条沿着运河串联起各驿站，连通北京和广东，常为外国使节入京所经之路，因此也被叫作使节路；另一条从福建至北京，多是来往商人、货物进京的道路，也被称为福州官路。此外，山东省内还有一条东西官路，连接起西部运河和东部沿海地区。

（二）走运河：水网密布，河运发达

按地理区位，山东地区的运河大致上可以分为京杭大运河、大清河、小清河、荷水、泗水以及胶莱运河等多个板块，它们相互交织、相辅相成，共同构成了山东地区自然和人工运河交织的丰富河运体系。明清南北物资交流多依赖京杭大运河进行，南北漕船的往来通行使山东运河沿岸商业繁盛，为鲁商及其他商帮往来提供了便利。京杭大运河山东段因此产生了众多的商贸古镇（见图1-5），这些城镇为商人行商经营及兴建会馆提供了广阔的舞台，运河沿线山东会馆分布广泛（见图1-6）。

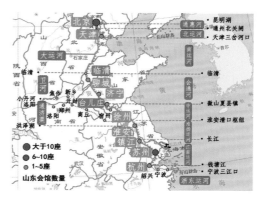

图 1-5　京杭大运河山东段沿线
商贸古镇及山东会馆分布

图 1-6　京杭大运河分段及山东会馆分布

除京杭大运河之外，山东的水运通道还包括大小清河、胶莱运河等。大清河西起东昌张秋镇，东北抵达利津，是山东盐运史上海盐西运的主要通道，同时也是南粮北运的重要水运通道。粮食在张秋镇由运河转至大清河，到达利津经海运抵达京津。小清河发源于济南，汇入孝妇河入海，也是盐运的重要水道（如图1-7）。

图 1-7 清朝小清河盐运图

（来源于山东运河航运史编纂委员会：《山东运河航运史》，山东人民出版社 2011 年版）

此外，胶莱运河开凿于元朝，是为了沟通黄渤两海而兴建的，曾发挥过重要的运输作用，后因疏于治理而湮灭。

（三）兴海运：海港优良，海运兴盛

明朝时期，受制于海禁政策的施行，山东地区的航海活动只在明初有短暂的短线辉煌，沟通于登、辽之间。作为重要战略供给基地的登州多运送人员物资至辽东。山东各港口诸如莱州海沧、登州蓬莱等，多发船只前往天津与旅顺。而由山东南下至江浙闽粤等地的海运航线在明代一直处于被压制状态，只有在明后期政策稍有放松时，才有短暂的短途航行。同一时期，以军事为主导因素的海港水城建设却取得了较重要的发展。以登州港为例，明代洪武年间，筑城墙，引海水入城内，形成了一个结构完备的军用港口（见图1-8）。

清朝末期，海禁政策逐渐松弛，山东沿海的航运事业逐渐得到复苏和发展，可供贸易往来的海运商港也逐渐得到建设和发展。乾隆时期，沿海各大港口建设卓有成

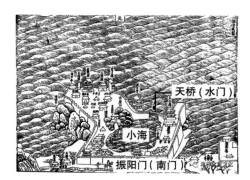

图 1-8 优良的海港——登州水城

（改绘自明泰昌《登州府志》）

效，威海、利津、烟台、荣成、胶州等港口均可与辽津地区直接通航，往来通商。而乾隆末期，由山东南下的海运航线也恢复通航，逐渐活跃，往来行商以文登、胶州、荣成等地海商为主，多发商船前往江浙、福建以及广东等地。

此外，清朝时期对外贸易的航海路线也逐渐复苏，山东海民多往来朝鲜进行跨海作业和贸易，因此在朝鲜、日本也多有山东商人参与兴建的北帮会馆等。

第二节　山东会馆的兴起与发展

山东会馆多是客居他乡的山东人在外建立的，最初是由官员倡导，为举子提供食宿的科举会馆。后商人成为兴建主体，山东会馆随着鲁商的足迹而遍布大江南北。

一、山东会馆的兴起缘由

会馆是同籍贯乡人在异地自发建立的一种民间组织，始于明初。山东会馆也是如此。最早的山东会馆建于北京，原为在北京的山东官员所倡导的，为进京的山东籍学子提供便利的科举试馆。根据孙向群的统计，在京兴建的山东试馆就有10座之多①，基本上是在京的鲁籍官员所建（见表1-3）。其中省级会馆规格最高，一般是在京的山东同乡联络的总部。此外，还有府县等级的会馆，为山东各个府县来京人员所建立。譬如北京山左会馆建于乾隆年间，就是由山东籍官员刘墉创建，为山东进京赶考的同乡提供便利（见图1-9）。

---

① 孙向群.身在京华，心系齐鲁：近代旅京山东人群体研究[D].济南：山东大学，2009.

表 1-3　清代北京地区的山东试馆

序号	名称	同乡范围	地址	创建时间
1	山左会馆（省）	全部进京山东举子	校场头条 17 号	清乾隆年间
2	山东会馆（省）	全部进京山东举子	崇文门大街	清前期
3	山东试馆（省）	全部进京山东举子	东城区鲤鱼胡同	清中期
4	济南会馆（府）	济南府进京人员	烂缦胡同 97 号	清乾隆末年
5	武定会馆（府）	武定府进京人员	崇文区东交民巷	清代
6	登莱胶会馆（府）	登莱胶三府进京人员	干面胡同路北	清乾隆七年（1742 年）
7	海阳会馆（县）	海阳籍人员	呼家楼南里 2 号	清朝道光年间
8	寿张会馆（县）	寿张籍人员	延旺庙街	清代
9	青州会馆（县）	青州籍人员	门楼巷 6 号	清代
10	章丘会馆（县）	章丘籍人员	校场三条 43 号	清代

图 1-9　科举试馆——北京山左会馆

清朝末期科举制度废止，科举试馆这一机构也因此丧失了功能，加之商品经济的快速发展，山东商人逐渐成为会馆兴建的主体。商人在各地兴建会馆：第一是为了团结同乡的商人，以形成合力，避免单打独斗，势单力薄；第二是为了联系乡情，商人在外行商经营，背井离乡，难免产生思乡之情；第三是为了缓解在外行商因语言习俗等差异而产生的不安感与孤单感。比如：上海的山东会馆便是旅沪的山东籍商人感念在外行商之不易，希望通过兴建会馆联合同乡、壮大势力所建[①]。

　　鲁商的活动足迹因运河和海运之利而遍及大江南北。凡鲁商汇聚集中的地区均建有山东会馆。以苏州为例，根据笔者统计，苏州历史上有记载的山东会馆有7座，现存2座，为北京之外山东会馆数量最多的城市。苏州繁华的山塘街就建有由山东青州、登州、莱州等地商人发起倡建的东齐会馆（见图1-10）。苏州盛泽为丝绸业重镇，一镇就建有两座山东会馆：一为济宁会馆，由济宁丝绸商所建；一为济东会馆（如图1-11），位于斜桥街，由济南府商人在嘉庆年间创立。此外山东兖州商人同徐州、淮安等苏北商人在苏州府阊门外兴建有江鲁会馆等。

图 1-10　商业会馆——苏州东齐会馆

图 1-11　盛泽济东会馆

　　由此可见：山东会馆建筑由最初的官员主导逐渐转变为以商人为主体，从科举试馆逐渐向商人会馆转变；从兴建的地域范围来看，从最初集中于政治中心北京，到随着山东商人的脚步而遍及运河上下、大江南北，逐渐成为明清会馆的重要组成部分。

　　① 上海博物馆图书资料室．创修山东会馆碑记[M]//上海碑刻资料选辑．上海：上海人民出版社，1980：195．

二、山东会馆的社会功能

山东会馆作为鲁商在外的第二个家，自成立之始就凝结着极强的乡土情缘和具备一定的社会功能。传统会馆具有"祀神明，合众乐，订公约，行善举"的功能，除此之外，山东会馆还具有兴教育和涉政治两大功能。

（一）祀神明

山东商人有着丰富的神灵祭祀文化，很多山东会馆往往是围绕着供奉神灵的庙宇祠堂而设立的。山东商人多在会馆中举行祭祀活动，除了日常祭祀，还会在神的生日召集本地同乡举行盛大的活动。如：在上海的山东同乡往往会在神祇诞辰前往山东会馆举行祭祀活动，三月二十三供天后，五月十三敬关帝，八月二十七祭孔圣。辽宁东沟县山东会馆设于大孤山天后宫，每年会举行戏剧表演等活动（见图1-12）。

图 1-12　大孤山娘娘庙会盛况

山东会馆供奉的神灵体系复杂庞大，除孔子、天妃、金龙四大王等主要神灵之外，还有刘关张三义、护国公秦叔宝、地藏王菩萨等神灵。如：营口山东会馆"名曰保安堂，内有地藏王菩萨庙宇三楹"[①]；辽阳观音禅寺

---

① 杨晋源，修，王庆云，纂．营口县志·胜迹编[M]．1933年石印本．

经过多次修葺，清末民初改建为山东会馆（见图1-13）；明代在芜湖创建的
山东会馆最初崇奉护国公秦叔宝（见图1-14），后又设立孔子像；在苏州由
济南府商人创建的东齐会馆庙祭关帝；徐州窑湾山东会馆建在三义庙处，
大殿供奉刘关张[①]；通州区现存山东会馆即为三义庙；等等。

图 1-13　辽阳观音禅寺观音像　　　　图 1-14　护国公秦琼像

（二）合众乐

　　会馆的另一大功能便是为旅居客地的山东同乡提供娱乐休憩的场所，
供同乡聚会，以叙乡谊。因此，在修建会馆时多会考虑到设置戏楼或戏台
等场所，邀请班子演戏以供娱乐。比如：江苏盛泽镇的济东会馆目前仍存
戏楼的台基，会馆现存的《重修济东会馆碑记》中对此也有记载[②]；盛泽另
一会馆济宁会馆于康熙年间建造戏楼，供节日里同乡宴饮聚会之用；沈阳
山东会馆中也会举办盛大的娱乐活动，据《盛京时报》记载，沈阳山东会
馆落成之时，曾邀请戏班连续演戏五日，现场人山人海，颇为热闹[③]。山西
太原建有旗奉燕鲁会馆，供奉文武二帝，每年正月团拜后，都会举行戏剧

演出[①]。除戏台外，会馆还多兴建花园假山、亭台水榭等园林景观，供游玩休憩，如福州八旗奉直东会馆[②]。

（三）订公约

为了更好地协调商人行动，团结同乡，会馆组织一般会设定公约章程，为商人提供制度保障。例如：济南商人建立的福德会馆，就制定了专门的"公立条规"，刻碑文在会馆墙壁上[③]；旗奉燕鲁会馆的"公议章程"《旗奉燕鲁会馆录》中专门对在太原行商的同乡成员租借会馆场所举行私人活动有所规定；等等。

此外，会馆还参与创办银行等金融机构。如1912年，哈尔滨直东会馆成立后，参与创办了"滨江储蓄银行"[④]。

（四）行善举

山东会馆除了为在外商帮提供经济方面的帮助，还对其生活的方方面面都有所照顾。首先是作为提供寓居饮食的场所，如淮安王家营的山东行馆为过往同乡提供食宿，让人"宛若家居"[⑤]。其次是安排客死他乡者的丧葬问题，如北京设有登莱义地、山东义园等，吉林的山东会馆附设山东义园一处，天津的山东会馆在黑牛城、河东津塘路等地购买义地。再次是为家乡赈灾集资捐款等。例如：清光绪年间，黄河山东段决堤，各区县受灾严重，上海山东会馆即组织进行各种活动来赈灾救援[⑥]；1933年鲁西洪水成灾，天津山东会馆以义务演戏、义售字画等方式进行募捐。还有是兴办医

---

① 李永平. 包公文学及其传播[D]. 西安：陕西师范大学，2006.

② 刘小萌. 晚清八旗会馆考[J]. 社会科学战线，2017（10）：121-129.

③ 牛国栋. 济水之南[M]. 济南. 山东画报出版社，2013：126.

④ 李朋. 清末民初黑龙江移民史研究[M]. 哈尔滨：黑龙江人民出版社，2019：12.

⑤ 赵执信. 饴山文集：卷5. 大河北岸新建山东行馆碑记[M]//中华书局. 四部备要：第85册. 北京：中华书局，1989：140.

⑥ 刘峰，吴金良. 中华慈善大典[M]. 杭州：浙江工商大学出版社，2017.

院，解决求医问题。例如：1922年9月，红十字会辽宁凌源分会成立，会址就选在山东会馆内；天津的山东同乡会创办了山东医院。

（五）兴教育

清末，清政府推行新政，开办新式学堂，很多会馆也组织筹办学校，会馆开始有了兴办教育的功能。例如：北京山左会馆建有北平山东学校，山东试馆转为齐鲁学堂；哈尔滨的山东会馆内设鲁人旅哈学校；唐山山东会馆成立私立小学，后改为公办学校[①]；开封山东会馆内设置开封私立聋哑学校[②]；1934年，延吉山东会馆创办私塾，供鲁人的子女读书[③]。

（六）涉政治

清末社会动荡，会馆开始具有政治功能。例如：吉林敦化的山东会馆曾经在义和团运动浪潮迭起的时候，组织骨干秘密串联活动，参与这场反帝爱国运动[④]；五四运动期间，北京、上海等地的山东会馆积极响应，召开紧急会议，要求捍卫主权；淞沪会战后，上海山东会馆建立的齐鲁学校为钱明等革命前辈提供情报联络点等[⑤]。

三、山东会馆的发展流变

在笔者统计到的历史上的128座山东会馆（见附录一）中，除30座待考之外，明代有2座，清代有80座，民国有16座。具体细分清代，乾隆年间有

---

① 靳宝峰，孟祥林. 唐山市志[M]. 北京：方志出版社，1999.

② 开封市人民政府地名办公室，开封市地名词典编辑部. 开封市地名词条选编（6）[M]. 开封：开封市地名词典编辑部，1990.

③ 延吉市地方志编纂委员会. 延吉市志[M]. 北京：新华出版社，1994.

④ 延边朝鲜族自治州文管会办公室，延边朝鲜族自治州博物馆. 延边文物资料汇编[M]. 延吉：延边朝鲜族自治州博物馆，1983.

⑤ 中共上海地下组织斗争史陈列馆. 民族脊梁 父亲的抗战历程[M]. 上海：上海人民出版社，2016.

18座，光绪、宣统年间有21座，占比最大（见图1-15）。由此可见，山东会馆兴建主要集中在清中后期及民国时期，与其他商帮会馆相比时间较晚，也导致了山东会馆建筑受到很多近现代西方思想的影响，青岛齐燕会馆、上海山东会馆、哈尔滨山东会馆等都带有西式建筑元素。

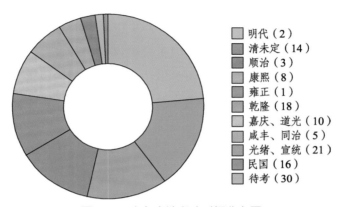

明代（2）
清未定（14）
顺治（3）
康熙（8）
雍正（1）
乾隆（18）
嘉庆、道光（10）
咸丰、同治（5）
光绪、宣统（21）
民国（16）
待考（30）

图1-15　山东会馆兴建时间分布图

　　山东会馆作为明清以来山东人在客地设立的一种社会组织，最初是为进京应试的山东籍举子提供住宿而兴起的科举试馆。后来随着经济的发展，商人会馆成为主流，为在外的同籍商人提供庇护。再后来随着商品经济竞争逐渐加剧，以同乡情节缔结的会馆逐渐丧失竞争力，各商帮逐渐跨越地域开始联合，同业性质的公所逐渐兴起，并进一步演化为行帮和商会。传统会馆作为同乡组织也逐渐向同乡会转变。在历史的演进过程中山东会馆这一商人组织不断改变着形态，既保留有地域特征，又顺应历史潮流。

　　鲁商在外建立的公所，相较于山东会馆而言，更加突出"同业"的特征，而且是同乡基础上的同业。部分山东会馆中也呈现出"同业"的特点，比如：临沂沂水的山绸会馆，是山东丝绸商人所建的公会之所；济南的福德会馆，由济南钱业商人共同建立；江苏的枣商会馆，由河北、山东枣商，苏州南北货商人联合创办；等等。随着历史的车轮不断向前，商业竞争压力越来越大，很多公所也逐渐打破了地域性的限制，形成以行业为主导的组织。

例如：在上海的山东丝绸商人便联合河南商人一起兴建了丝绸公所；在天津的鲁商同河南、直隶商人一起成立了天津粮商公所；等等。

公所的发展打破了地域的限制，更加强调行业性，但局限在同一行业，少有跨行业的组织。伴随着商业竞争和现代社会的发展，一种打破行业壁垒的组织——商会应运而生。清中后期，政策放松，各地纷纷设置商会，整合商业，也促进了会馆的转型。

具有"行业性"和"地域性"两重属性的会馆，在行业性方面逐渐向更具有竞争力的公所、商会转变，在地域性方面逐渐转向更为现代的同乡会。清末民初很多会馆逐渐成立同乡会，例如：北京的山左会馆改为山东旅平同乡会，登莱胶会馆改为登莱胶旅平同乡会[①]；天津的山东商帮则逐渐成立了登莱旅津同乡会、鲁北旅津同乡会等。

第三节　山东会馆的分类

凡鲁商集中的地区，大都建有山东会馆，以辽宁、北京、江苏为最多。为深入了解山东会馆，下文按照会馆等级和会馆性质对山东会馆进行分类研究。

一、按会馆等级分：省府州县多级并存

鲁商在外建立的会馆多以"齐鲁""山左""山东"等省级行政名称来进行命名，是一个较为广泛的地域概念。但同时山东各地的地域性乡帮也拥有较强的势力，诸如济南帮、青州帮、黄县帮、济宁帮、东昌帮等。这些商帮在外行商也会建立府级甚至州县级别的会馆。

---

① 孙向群.同乡组织的近代变迁：以旅京鲁籍同乡会为考察对象[J]. 东岳论丛，2009，30（4）：113-117.

明代山东下辖六府，分别为东三府（登州、莱州、青州）及西三府（济南、兖州、东昌）。清代山东新增曹州、武定、沂州、泰安四府。据前文所述，山东会馆兴建的时间多集中在清中后期，明朝所建数量较少，因此下文采用清代行政区划来进行分类。根据笔者统计，历史上的省级山东会馆有102座，占全部的3/4以上，府级10座，州县级16座（见图1-16）。

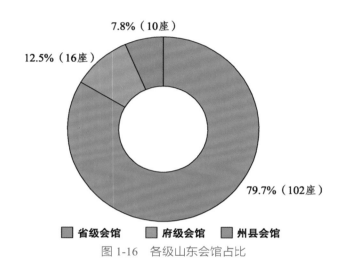

7.8%（10座）

12.5%（16座）

79.7%（102座）

■ 省级会馆　■ 府级会馆　■ 州县会馆

图1-16　各级山东会馆占比

（一）省级会馆

山东会馆当中的省级会馆数量众多，足以得见山东商帮的地域观念十分突出。但是鲁商在外行商的时候，免不了和其他商帮有联系，除了山东商人自己建立的会馆，还有与其他省份商人合建的会馆。根据笔者统计，省级山东会馆中，山东独立建造的会馆占据绝大部分，有68座，其余均是与其他省份商帮共同建立的。与鲁商合建会馆的商帮多来自北方，其中与直隶（主要是河北商人）共建数目最多，共计14座，其次是河南9座、山西5座等（见图1-17）。

最典型的是清代时期和旗籍、奉天、直隶等商人合建的会馆，名称多为八旗奉直东会馆，山东商人多是以辅助性的角色参与会馆的建设（见表1-4）。譬如广东八旗奉直东会馆初为八旗官员所建立的会馆，后因资金短缺，引山东人加入，会馆也因此改为"八旗奉直东会馆"，东便指山东。此外，还有福州八旗奉直东会馆、成都八旗奉直东会馆。另外，鲁商与河北商人共建的会馆也较多，诸如成都燕鲁公所、青岛齐燕会馆等。

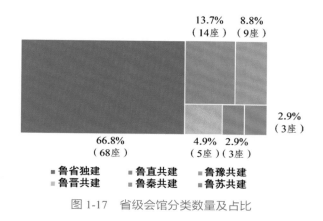

图 1-17　省级会馆分类数量及占比

表 1-4　山东与八旗共建会馆

名称	地点	建造时间
太原旗奉燕鲁会馆	山西太原府	—
兰州八旗奉直豫东会馆	兰州城关区水北门北	清光绪十七年（1891 年）
皋兰县八旗奉直豫东会馆	甘肃皋兰县北门街	清代
广州八旗奉直东会馆	东山区八旗二马路北	清代
福州八旗奉直东会馆	福州市鼓楼区道山路	清代
成都八旗奉直东会馆	成都锦江区域金玉街	清代

与北方各省合建的会馆，主要是与山西、陕西、河北、河南四省商人在南方所建的，名称大多是北五省会馆[①]。现存的主要有两座：一座是陕西

① 北五省，通常指清代山东、山西、陕西、直隶、河南五省，另一说法为去掉陕西、增加安徽。清代江南商贸发达，北方五省商人在此多联合行商，并兴建会馆，其中不乏山东商人参与，故将北五省会馆也纳入研究范围。

紫阳瓦房店北五省会馆（如图1-18），位于汉水流域，建于乾隆年间，现仍然保存完好；另一座是湖南湘潭北五省会馆（如图1-19），又被称作"关圣殿"，建于康熙年间。两座北五省会馆均为国家重点文物保护单位，成为研究当时会馆文化的"活化石"。此外，历史上还记载有鲁商同冀商、豫商、晋商、徽商一起在江苏镇江兴建的北五省会馆①。

图 1-18　瓦房店北五省会馆

图 1-19　湘潭北五省会馆

（二）府级会馆

府级会馆有10座，鉴于文史资料的缺失和笔者研究的疏漏，真实的数

①　张礼恒. 鲁商与运河商业文化[M]. 济南：山东人民出版社，2010：236.

据应该远远大于此。所统计到的府级会馆中，未涉及泰安府和曹州府。由此可见山东地区在明清时期的经济繁荣地区多在东部沿海和西部运河沿岸。而在可以统计到的府级会馆中，登莱为佼佼者，其次为兖州府和济南府。登莱等沿海地区与辽东半岛隔海相望，又靠近京津沿海，因此该地的鲁商多通过海运进行贸易往来，带有明显的海洋文化特征，所建会馆多祭祀天妃娘娘；济南府、兖州府和东昌府因运河漕运而繁盛，有明显的运河文化特征。

（三）州县会馆

州县会馆有16座，以在山东沿海地区的州县为最多，其中黄县和掖县最为突出。黄县和掖县的商人得益于海运的发展和优良港口的建设，从黄县和掖县出发前往辽东地区十分方便，譬如山东黄县商人在辽宁海城兴建天后宫作为黄县会馆，现复建为海城市博物馆。此外，济宁作为运河重镇，在外的济宁商人实力较为雄厚，经运河北抵京津，南达江浙，都有济宁商人的足迹。譬如济宁商人曾经运河北上，在天津北门外大街靠近南运河码头附近兴建了济宁会馆，江苏盛泽也建有济宁（任城）会馆等。

二、按会馆性质分：同乡同业多元并行

山东会馆作为明清以来山东人在客地设立的一种社会组织，在历史的演进过程中不断改变着自己的形态。传统会馆、同业公所、同乡会等都具有一定的"地域性"和"行业性"，呈现出同乡或者同业的特征（见图1-20）。此外，商会作为更为现代的商人组织，在历史发展中加速了会馆及公所的衰退，但由于其性质与会馆已经大相径庭，在此不做讨论。根据笔者的统计，山东会馆中的传统会馆占比最大，兼有同业公所和同乡会。

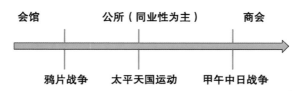

图 1-20 会馆、公所及商会发展示意图

（来源于胡雪：《明清时期鲁商研究》，山东师范大学 2017 年硕士学位论文）

（一）传统会馆

传统山东会馆按照会馆建立的背景、动机和性质的不同又可以细分为科举、工商及移民这三种会馆类型。科举会馆以早期在北京建立的会馆居多，如在北京建立的大多数鲁籍会馆都属于此类（见图1-21）。工商会馆则是在商人成为会馆兴建的主力之后在各大工商业城市伴随着商品贸易而产生的（见图1-22）。移民会馆则多是伴随流民而产生的，如宁古塔的山东会馆便是闯入"龙兴之地"的山东流民所建（见图1-23）。

图 1-21 科举会馆——北京济南会馆

图 1-22 工商会馆——苏州东齐会馆

图 1-23 移民会馆——宁古塔山东会馆

（二）同业公所

清中后期，商品经济带来的巨大竞争力，使得一部分会馆转为行业性更强的公所。关于会馆和公所的异同，学界研究颇丰，说法各有千秋。笔者比较认同范金民先生所述，会馆和公所都有地域性和行业性两种属性，只是侧重不同[①]。而且二者在出现时间上有明显的先后，反映出会馆、公所在时代中发展的历史阶段性。

山东商帮建立的同业公所多集中在丝绸业、粮食业等占据主要优势的产业中。济南福德会馆、苏州枣商会馆等也具有一定的行业性，也纳入公所的范围（见表1-5）。

表 1-5　山东商帮所建立的公所

名称	行业	成立时间	参与商人	馆址
天津粮商公所	粮食业	1903 年	山东、河南、直隶粮商	待考
济南福德会馆	钱业	1817 年	山东钱业商人	济南历城县高都司巷路西
苏州江鲁公所	—	1707 年	兖、徐、淮等商人	苏州府阊门外十一都
苏州枣商会馆	枣业	清乾隆年间	冀鲁枣商人与苏州商人	苏州府阊门外鸭蛋桥
四川燕鲁公所	—	清代	山东、河北商人	成都平原区
上海丝绸公所	丝绸业	1910 年	山东、河南的丝绸商人	上海山海关路新闻大王庙
上海关山东公所	—	清顺治年间	山东商人与关东商人	上海县城西

（三）同乡会

如果说公所是会馆在"经济"属性上往"同业"方向的演进，那么同乡会则是会馆在"地域"属性上向"同乡"方向的演进。清末同乡互助团

[①]　范金民 . 清代江南会馆公所的功能性质[J] . 清史研究，1999（2）：45-53 .

体大量出现，会馆开始向新式的同乡会转化。本书所统计的同乡会仅为会馆转化，新建同乡会不在内（见表1-6）。

表 1-6　北京山东同乡会

同乡会名称	原会馆名称
山东旅平同乡会	山左会馆
济南十六邑旅平同乡会	济南十六邑会馆
海阳县旅平同乡会	海阳医院会馆
登莱胶旅平同乡会	登莱胶义园会馆

此外，《山东地方志》中关于山东同乡会的定义则为在海外的山东侨民所成立的组织[①]。其中有一部分的同乡会仍然以"会馆"命名，诸如南加州齐鲁会馆、旧金山海湾地区齐鲁会馆、洛杉矶齐鲁会馆等。但是它们与传统意义上的会馆有了较为明确的区分，属于海外侨居的山东人所成立的现代同乡组织，有着更为完善的制度和组织架构，不属于本书研究范畴。

第四节　山东会馆的祭祀特征

山东会馆是鲁商文化与信仰精神的物质载体。前文在讲述山东会馆功能时提到了山东会馆丰富的祭祀文化，这在会馆的建筑布局、空间处理以及建筑装饰等方面都有所体现。其中金龙四大王与天妃信仰的传播呈现明显的"沿运和沿海"的特征，其建筑特征也与原乡地有密切的关联。

根据笔者的统计，在山东会馆中祭祀孔子的有15座，祭祀天妃娘娘的有9座，祭祀关帝的有6座，祭祀河神金龙四大王的有4座。由此可见，山东会馆的祭祀呈现出"祭孔子、拜关帝、祀河神、崇天妃"多元祭祀的特征。

---

① 山东地方史志编纂委员会. 山东省志：侨务志[M]. 济南：山东人民出版社，1998.

一、乡土之神——文圣孔子

明清时期地域商帮兴起，乡土之神祭祀也在各地商帮中逐渐兴起并成为各地域商帮独特的文化特征。例如：山西商人信奉关帝，多建有关帝庙作为山西会馆；福建商人信奉妈祖，多建有天后宫作为福建会馆；安徽商人多信奉朱熹，安徽会馆中多祭祀朱熹；等等。孔子则是山东商人最为推崇的祭祀对象。

山东会馆中大都建有祭祀孔子的空间，举办祭孔之类的礼仪性活动。据民国《上海县续志》记载："上海山东会馆在二十五保九图吕班路南，光绪二十七年（1901年）建，曰至道堂，祀孔子。"[①]据《芜湖县志》记载，山东商人在芜湖建立了芜湖的第一家会馆，位于"下一五铺杭家山脚下"[②]，初期崇拜护国公秦叔宝，后被烧毁，在清同治五年（1866年），山东人在旧址上"建瓦屋三楹，以继前人缔造之志，光绪之季，改称曰山东会馆，崇奉孔子"。天津山东会馆则设有专门的《祭孔秩序事项》。作为旅津山东人的同乡组织，山东会馆通过"祀孔"仪式促使旅津山东人由陌生人转化为熟人。在西安的山东商人在五味什子街创建了山东会馆，在会馆的东侧院北厅堂中供奉有孔子的灵位。每年的阴历八月二十七日是西安山东会馆举行祭孔仪式的日子，届时凡是旅陕的燕鲁沈吉江五省同乡均可以参加在五味什字街山东会馆举行的盛大祭孔活动，祭孔典礼"场面隆重，仪式讲究"。[③]除此之外，1947年，在台湾地区的鲁籍人士成立了山东同乡会，以孔子为纽带，联系两岸，并将"孔孟之道"写入章程[④]。

在相关的地方县志及会馆的碑刻中，对于会馆的祭孔仪式和礼节也多

---

① 吴馨，洪锡范，修，姚文枏，等纂．上海县续志[M]．上海文庙南园志局刻本，1918（民国七年）．

② 民国芜湖县志卷十三．

③ 张换晓．民国西安会馆研究[D]．西安：陕西师范大学，2017．

④ 王玉国，张玉洋．至圣先师与台湾地区山东同乡会[J]．两岸关系，2021（9）：62-63．

有记载（见图1-24、图1-25）。现笔者通过查阅文献资料将各地山东会馆祭孔的相关记载整理见表1-7。

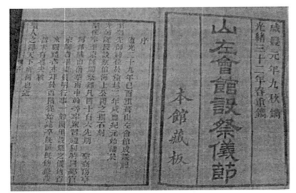 

图 1-24 《山左会馆设祭仪节》首页　　　　图 1-25 北京山左会馆正门

（来源于刘征：《北京会馆圣贤祭祀分析》，　　（来源于刘征：《北京会馆圣贤祭祀分析》，

中国艺术研究院硕士学位论文，2015）　　　中国艺术研究院硕士学位论文，2015）

表 1-7 各地山东会馆中有关"祭孔"的记载

会馆名称	相关记载	文献来源
上海山东会馆	上海山东会馆在二十五保九图吕班路南，光绪二十七年（1901年）建，日至道堂，祀孔子	民国《上海县续志》
西安山东会馆	山东会馆在五味什子（字），祀孔子	民国《咸宁长安两县续志》
芜湖山东会馆	建瓦屋三楹，以继前人缔造之志，光绪之季，改称曰山东会馆，崇奉孔子	《芜湖县志》卷十三
北京山左会馆	被圣人之禅，天下所同也；近圣人之居，山左所独也……盛朝重道，崇儒之治，永永无极	清咸丰元年（1851年）《山左会馆设祭仪节》
徐州山东会馆	清康熙十年，从曲阜来的孔、孟等九姓家族集资在三义庙处建山东会馆，并塑孔圣像	《明清时期徐州地区的商人会馆》

续表

会馆名称	相关记载	文献来源
旅津山东会馆	在其（天津山东会馆）祀孔仪式中，山东会馆赋予了"礼"双重意义	《祭孔秩序事项》，天津市各会馆团体山东会馆卷宗
旅台山东同乡会	山东旅台各县市同乡会共同组织，团结两岸山东同乡，互相策励，扩大联谊，发扬山东礼仪之邦、孔孟之乡的伟大精神为目标	《山东旅台各县市同乡会联谊总章程》

从表1-7中可以看出，各地的山东会馆中几乎都有与祭孔相关的记载，这也说明了儒家思想对于鲁商文化产生了重大而又深远的影响。笔者认为，鲁商将孔子作为会馆的祭祀对象主要有以下两点原因：首先是乡土情结，在鲁商广泛兴起之前，孔子就已经被奉为"至圣先师"，全国各地都兴建文庙祭祀孔子，作为孔子同乡的鲁商自然会想得到孔子的庇佑；其次是孔子提倡仁爱、诚信的理念，这也是鲁商在行商经营时的行为准则，他们便会自然而然地将孔子作为祭祀对象，在会馆内举行盛大的祭祀仪式等。

二、忠义之神——武圣关帝

关羽虽不是山东的乡土神，但作为忠义神和武财神，也是商人广泛信奉的神灵。如苏州的东齐会馆，除却供奉天后外，还建造有关帝庙，"已岿然而为关圣庙貌矣"[1]。铁岭山东会馆则直接在关帝庙旧址上兴建[2]等。此外供奉"关帝"的山东会馆当中有一部分是供奉"刘关张"三义，因此也被称作三义庙。比如通州区的山东会馆也被叫作南关三义庙（见图1-26、图1-27），徐州窑湾的山东会馆便是在三义庙的基础上兴建的（见图

---

[1] 胡广洲. 明清山东商贾精神研究[D]. 济南：山东大学，2007.

[2] 王德金. 铁岭文史资料：第23辑[Z]. 2010.

1-28），大殿内青方砖铺地，有供奉"刘关张"的神龛①。

图 1-26　北京通州三义庙匾额

图 1-27　北京通州三义庙正殿与碑刻

图 1-28　徐州窑湾山东会馆

山东会馆建筑中往往会设置专门的空间供奉故土神灵和信仰神祇，除却上文所讲述的信仰之外，财神赵公明、观音娘娘、地藏王菩萨、碧霞元君等也都是山东会馆所供奉的神灵。

三、运河之神——金龙四大王

山东会馆中的河神信仰以"金龙四大王"为主，运河沿岸的商人以京杭运河为路线，将这种信仰传播至运河上下。

（一）河神原乡信仰沿运河传播

山东西三府商人主要信奉掌管运河漕运的河神。中国古代的水神信仰体系复杂庞大，仅就山东运河区域而言，信奉的水神就主要有两类：一类

---

① 胡梦飞. 明清时期徐州地区的商人会馆[J]. 寻根，2018（5）：55-61.

是以金龙四大王、天妃娘娘、晏公等为代表的官方信仰；一类是以龙神、真武、二郎神等为代表的民间信仰①。无论是官方还是民间信仰的水神，都带有明显的"治水"和"保漕"祈愿，其中最具代表性且与商人密切相关的当属金龙四大王信仰（见图1-29、图1-30）。

图1-29　清化镇"金龙四大王庙"　　　　　　　图1-30　金龙四大王像

金龙四大王可以说是运河流域最为普遍的水神信仰。根据研究，明清时期山东境内的金龙四大王庙有30余座，大多数分布在西部运河沿线重要的城镇。运河流域商业城镇众多，频繁的商品贸易与流通，使得该信仰随着地方商帮的足迹传至运河上下。

各地兴建的大王庙中都能够看到山东商人参与的痕迹。山西高平圪旦大王庙有"东昌裕盛布店各银四两"和"济宁义合公记捐银五两"的记载；山西晋城西部大王庙有山东阿城商人的捐款记录；山西高平古寨大王阁也有"济宁锦城号"的记载；等等②。

① 胡梦飞. 明清时期山东运河区域民间信仰述论[J]. 淮阴师范学院学报（哲学社会科学版），2018，40（1）：83-87，93.

② 张楠. 明清时期南太行地区山西商人与金龙四大王信仰研究[D]. 保定：河北大学，2020.

运河流域的济宁是金龙四大王信仰传播的中心地区，当地建有巍然的金龙四大王庙，香火不断。济宁商帮是金龙四大王信仰传播的主要力量。作为鲁商中重要的一支，济宁商帮的足迹沿着运河，北至京津，南达江浙。济宁商帮在行商经营的同时，将盛行于家乡的金龙四大王信仰传播到各地，这在各地修建的济宁会馆中可以看到痕迹。济宁商帮在江苏盛泽、天津均建有济宁会馆，并且在会馆内供奉金龙四大王。除盛泽之外，江南很多地方也都有济宁商人和金龙四大王信仰的存在，上海的新老闸口均建有金龙四大王庙，在秦淮河畔的南京几乎每年都会举办金龙四大王的祭祀活动。金龙四大王信仰随着山东商帮的脚步，成为遍布运河上下、大江南北的信仰。

（二）金龙四大王信仰与山东会馆

在会馆建筑中，金龙四大王信仰主要体现在建筑空间处理上，一般设有专门的祭祀空间，内设金龙四大王的供奉神龛等。

山东会馆中祭祀金龙四大王者多为济宁商帮所建立。在江苏苏州的丝绸重镇盛泽有一座济宁商帮兴建的会馆，该会馆建筑气势雄伟，尤其是供奉"金龙四大王"神像的正殿，更是美轮美奂，奈何在战争年代被荒置、损毁，随后金龙四大王的神像被放置于重修的济东会馆内。盛泽济宁会馆是典型的"庙馆合一"模式，正殿即为布局中最重要的建筑，这也体现了金龙四大王在济宁商帮心目中的地位。根据会馆现存的碑文可以得知，盛泽地区本无金龙四大王信仰，其因济宁商帮的到来而兴盛[1]。

在运河北端的天津地区也建有济宁会馆，根据张焘在《津门杂记》中的记载，山东济宁会馆建在天津北门外西崇福寺，供奉金龙四大王。[2]除济宁商人外，山东青州府沂水商人也在传播金龙四大王信仰方面做出了贡

---

① 陈沂震.敕封黄河福主金龙四大王庙碑记[M]//江苏省博物馆.江苏省明清以来碑刻资料选集.上海：三联书店，1959.

② 张焘.津门杂记[M].清光绪十年（1884）版.天津：天津古籍出版社，1986.

献，河南地区的清化镇金龙四大王庙就是青州府沂水商人同晋商及其他商帮共同建造的。具体情况见表1-8。

表 1-8　各地山东会馆中的金龙四大王崇拜

地区	会馆名称	具体地址	建造者
天津	济宁会馆	城北崇福寺	济宁商人
江苏	盛泽济宁会馆（任城会馆，大王庙）	吴江盛泽镇	济宁商人
河南	清化大王庙	河内县清化镇	晋商与青州府沂水商人
山东	济宁金龙四大王庙	济宁东门外运河边	济宁当地人

通过将原乡地的大王庙与祭祀金龙四大王的会馆建筑进行对比可以看出（见表1-9），二者虽然都有供奉金龙四大王的正殿，但是建筑形制和规格却各不相同，原乡地规格更高、规模更大，装饰更加复杂生动。此外，盛泽济宁会馆虽处江南重镇，但其会馆形制仍为北方的形制，建筑材料以砖石居多，装饰朴素而精美。

表 1-9　原乡地大王庙与会馆建筑的对比

项目	原乡地大王庙	山东会馆建筑	
案例	济宁南旺分水龙王庙	清河镇大王庙	盛泽济宁会馆
照片			—

项目	原乡地大王庙	山东会馆建筑	
建造者	济宁当地官府与村民	晋商与青州府沂水商人	济宁商人
建筑材料	以砖石建筑为主	以砖石建筑为主	以木材为主，砖石为辅
布局	大殿、戏楼、水明楼、宋礼祠、白英祠及禅室等	现仅存主殿、侧殿两间	有大门、前厅、戏台、厢楼、跨楼、厨房等，还有花园、假山、池亭
屋顶形式	大殿为歇山式建筑，双层飞檐斗拱	建筑为灰瓦硬山顶	—
建筑装饰	屋顶为绿色琉璃瓦，每个檐角装饰精美	建筑较为封闭厚重，整体建筑装饰较为朴素	北方庙宇形制，砖雕朴素却十分精美

四、海运之神——天妃娘娘

山东沿海区域的东三府商帮，以沿海港口为依托，通过海运线路行至南北，以关东地区为主，所建会馆大多位于东北地区，南方地区也有分布，同时所建会馆多以天妃娘娘为祭祀神祇，与山东沿海商民信仰同源。

（一）天妃原乡信仰与沿海传播

水神分为河神和海神两种，天妃娘娘是山东商帮主要供奉的海神。元朝时期，海运兴盛，妈祖文化北渐，传播到山东的沿海地区并在此扎根。明初山东半岛地区的蓬莱、黄县、威海、青岛等地均建有天后宫。山东天后宫多为闽商所建，且部分作为福建会馆存在。图1-31和图1-32分别为金州天后宫和盖州天后宫。

图 1-31　金州天后宫（又作山东会馆）　　图 1-32　盖平山东会馆（盖州天后宫）
　　　　（来源于辽宁省图书馆）

　　山东商人在将妈祖信仰本土化之后，将其作为山东海民的神灵信仰传播到更北的辽东地区。山东商人促进了辽宁地区的妈祖信仰传播，这也是妈祖信仰传播的最北端。根据碑文和史料的记载，在辽宁地区的天后宫大多是由山东、福建商人和当地的海商所建，且山东人建立的天后宫多兼作山东会馆。明清时期的"闯关东"移民潮以山东人为主体，大批的山东移民带来了妈祖信仰，使之在辽宁地区广泛传播，因此在辽宁重要的市镇和港口大多建有天后宫，村落中还建有小型海神娘娘庙①。山东商人外出经商，常将会馆与天后宫结合起来，一方面期望妈祖护佑他们的航运安全，另一方面借助对妈祖的共同信仰来联络乡谊。

　　客地山东会馆中祭祀天妃者，建造者多是山东东三府的沿海商人，以胶州商人、登莱商人为主。天妃信仰也随鲁商经商足迹传播至沿海各地，尤以辽宁地区最为明显。

（二）天妃信仰与山东会馆

　　很多由山东商帮建立的天后宫直接被称为山东会馆，在辽宁地区分布最多。《中国戏曲志·辽宁卷》中记载：丹东的东沟县山东会馆曾经将馆

---

　　①　张晓莹．辽南妈祖信仰的形成[J]．福建论坛（人文社会科学版），2011（6）：105-109．

址设立在大孤山的天后宫，天后宫内设有戏台，可以随时供会馆娱乐观演使用[1]。在沈阳也由天后宫作为山东会馆，在盛京经商的山东商人捐资于怀远关外兴建了一座气势宏伟的山东庙，主祭海神娘娘，在每年特定的节日举办庙会，来祭祀海神娘娘[2]。海城是辽南重镇，商贸发达，也有山东商人在此建立的山东会馆。民国十二年（1923年）的《海城山东会馆碑》记载，海城山东会馆建于乾隆元年（1736年），位于县城西南角，在天后宫内，现山东会馆异地重建为海城博物馆。盖州城内有两座天后宫，分别为福建商人和山东商人所建，盖州山东会馆建于乾隆三十五年（1770年），馆内供奉有海神娘娘。根据《岫岩县志》记载，山东商人在岫岩西山修建天后宫作为会馆。大连金州天后宫曾是辽宁地区最为壮观的天后宫建筑群，由山东船商于乾隆五年（1740年）集资建造[3]。

山东商人还将天妃信仰传播到南方等地。苏州山塘街会馆林立，其中有一座山东登莱胶商人所建造的东齐会馆也供奉着天妃娘娘，在现存的碑文资料当中记载了东齐会馆祭祀天妃的盛况。此外，山东商人在上海建立的会馆中也祭祀天后，该会馆是在原关山东公所的旧址上由鲁商修复而成，因鲁商中以胶州帮等海商为主，故会馆中专门设置了供奉天妃的香堂[4]。具体情况见表1-10。

表1-10 各地山东会馆中的海神崇拜

地区	会馆名称	具体地址	建造者
江苏	东齐会馆	苏州山塘街552号	登莱胶商人
上海	关山东公所	吕班路西门口	山东商人与关东商人

① 中国戏曲志编辑委员会. 中国戏曲志·辽宁卷[M]. 北京：中国ISBN中心，1994.
② 刘振超. 盛京胜景[M]. 沈阳：沈阳出版社，2017.
③ 王建学，等. 辽宁寺庙塔窟[M]. 沈阳：辽宁美术出版社，2002.
④ 上海市卢湾区志编纂委员会. 传记·客籍乡帮团体[M]//卢湾区志. 上海：上海社会科学院出版社，1998.

续表

地区	会馆名称	具体地址	建造者
辽宁	海城天后宫	海城大南门内	山东黄县商人
	盖平天后宫	北马道偏东路北	山东商人
	沈阳怀远关外天后宫	沈阳市沈河区山东庙街	山东商人
	金州天后宫	大连金县	山东海商
	山东会馆庙	大连复州娘娘庙	山东海商
	岫岩天后宫	岫岩满族自治州	山东客商
	丹东东沟县山东会馆	丹东东沟县大孤山天后宫内	山东海商

天妃信仰在山东会馆建筑中的体现除了设有专门的祭祀空间外，还在建筑装饰，尤其是建筑雕刻和壁画上。以大孤山天后宫建筑群为例，其与海神文化相关的雕刻构件就有千余件，其纹饰的主要题材都与海神的传说故事相关。在天后宫山门处有妈祖生平事迹图，在海神娘娘殿里有八幅妈祖显圣图等。这些壁画雕刻栩栩如生，反映了商民对妈祖的崇拜与敬奉。

在辽东半岛有一座山东商帮集资修建的金州天后宫，曾经是北方规模最大的天后宫之一。该天后宫是往来的山东海商为联乡谊而兴建的会馆，该会馆设有前后两座戏楼，足见其配置及规模之宏大。会馆正殿内还供奉有妈祖神像。

天妃信仰在元朝时就已经由福建传入山东，为山东沿海船商所信奉，而后随着山东沿海商人的足迹传播到辽宁等地。在辽宁等地的天后宫并不都是山东会馆，很多本地海民、福建海商也会兴建天后宫，但是山东商人在天妃文化的传播中起到了举足轻重的作用。

第二章
山东会馆的
分布与鲁商
文化的传播

第一节　山东会馆的分布特征

鲁商的崛起带动了山东会馆的产生与发展，鲁商文化的传播路线与传播范围则决定了山东会馆的分布特征。而各地山东会馆的数量分布特征也能反映鲁商活动的密集程度，从而印证鲁商文化的传播路线。通过查阅方志、古籍以及整理其他学者对于山东会馆的研究，笔者统计出历史上中国建立的山东会馆有128座①（见图2-1）。鉴于资料收集和实地调研的局限性，真实的数据应该远大于此。

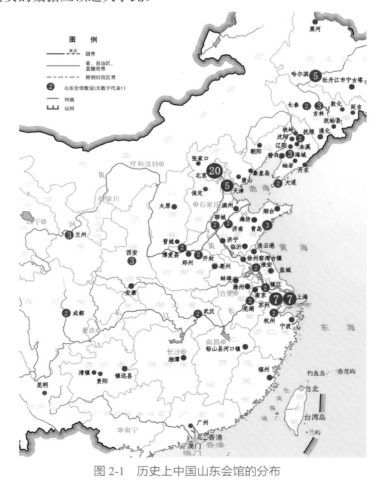

图 2-1　历史上中国山东会馆的分布

---

① 详见附录一：历史上中国建立的山东会馆总表。

一、山东会馆的总体分布特征

从整体的空间分布格局来看，除却山东本地之外，有3个地区的分布密度最大，分别是运河北端的京津地区、运河南端的江浙地区以及与山东隔海相望的关东地区，呈现出"纵贯南北，直抵关东"的分布格局。其次是与山东相邻的河南、安徽、河北等地，最后是鲁商活动辐射的末梢，包括西北诸省份以及南方大多数省份（图2-2）。由此可以看出鲁商多在京津、江浙和关东地区占据着较大优势，再往外辐射影响力逐渐减弱，尤其是在商帮林立的南方。山东会馆的空间分布格局也说明了地理交通对于商人活动的重要性，运河直通京津与江浙，海运直达关东，也由此印证了前文所述的鲁商文化传播路线呈现出"二元中心，南北纵横"的特征。

从分布数量上来看，山东会馆分布数量最多的城市是北京和苏州，分别为20座和7座。北京和苏州分别位于运河南北两端，一个是政治中心，一个是工商业重镇，都是鲁商聚集活动的重要目的地。

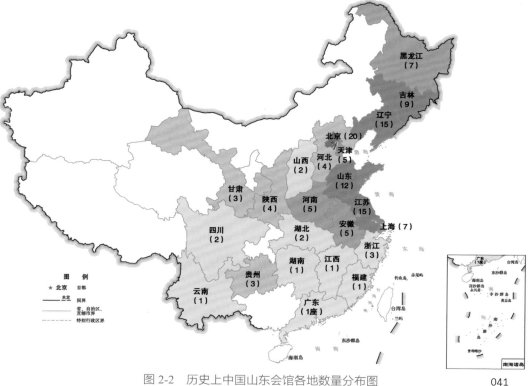

图 2-2　历史上中国山东会馆各地数量分布图

041

从分布区域来看，除北京外，山东会馆数量最多是辽宁和江苏的15座，山东12座，也都是鲁商活动主要的集中区域。吉林和黑龙江作为鲁商"闯关东"的重要目的地，也分别有9座和7座。其他省份则都在5座及以下。

从图2-2可以很明显地看出鲁商文化传播的范围和影响的程度。文化是在文化势能的影响下由高到低传播的，鲁商文化以山东会馆的源头——山东省为中心，往外通过河运和海运等交通逐渐扩散。

综上，可以总结出山东会馆的总体分布呈现出"沿运河纵贯南北，通海运直抵关东"的特征，这与前文所论述的鲁商文化传播的路线相互印证、互为补充，也说明了会馆的兴建与商帮的发展是密不可分的。

二、山东会馆的具体分布线路

由前文可知，运河和海运这两种交通方式在山东会馆的全国分布的过程中起着举足轻重的作用。明清在铁路兴起之前，河运和海运相较于陆运来说有着成本低、运量大、效率高的优势，也就成为形成鲁商文化传播路线和山东会馆分布特征的决定性因素。

通过梳理历史上所建的山东会馆建筑分布情况可以得出以下结论（见图2-3）：山东运河流域的西三府商帮，以京杭运河为主要的交通线路进行商贸活动，所建会馆均坐落于运河沿线的城镇聚

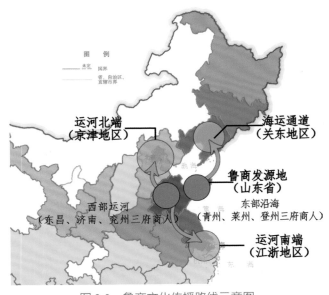

图2-3　鲁商文化传播路线示意图

落，呈现出以运河为轴的线性分布特征。山东沿海区域的东三府商帮，以沿海港口为依托，通过海运线路行至南北，以关东地区为主，所建会馆大多位于东北地区，南方地区也有分布。

"因运而兴，依海而盛"是山东会馆的兴起原因，也是分布特征，具体可以分为：以运河为轴，呈现"轴线性"分布；以海运为线，呈现"散点式"分布。

（一）沿内河分布的山东会馆

京杭运河通南达北，是鲁商外出经商最主要的水运通道。运河沿线分布的山东会馆数量最多，北京、天津、聊城、济宁、徐州、淮安以及苏州、杭州等运河主要城市都有鲁商兴建的山东会馆（见图2-4）。

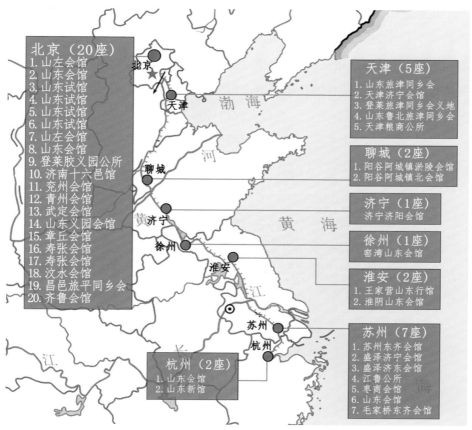

图 2-4　京杭运河沿线主要城市山东会馆分布

根据前文所述，鲁商活动的轨迹除运河主轴线之外，还沿着黄河、渭水抵达陕西、甘肃等地，通过淮河抵达河南、安徽等地，沿着长江及其支流到达南方各省份等。这三条支线上的城市也多建有山东会馆，诸如：黄河支线上的开封、郑州、清化镇、太原、西安、兰州；淮河支线上的蚌埠、亳州；长江干线及其支流上的芜湖、武汉、成都、湘潭、安康、铅山县等。这些支线城市中建造的山东会馆数量相较于运河主轴城市偏少。山东会馆在运河各城市中的兴建情况如下。

1. 运河北端——北京、天津

北京作为元明清三朝的政治中心，吸引了大批山东人，或求学做官或经商；而天津作为京师门户，"九河下梢天津卫"的交通优势也使得无数山东商人来此经营发展。

北京是山东会馆分布最多，也是最为密集的地区。笔者结合前人研究和相关史料文献，统计出山东人在北京设立的会馆20座，其中省级会馆9座，府级会馆5座，州县级会馆6座（详见附录一），各会馆在北京的区位关系如图2-5所示，除在通州府新城南门外的山左会馆（见图2-6）之外，其余19座会馆均在顺天府附近，尤以宣武门外最为密集。

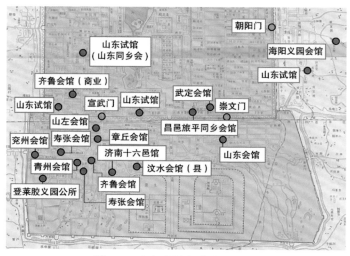

图 2-5　山东会馆在北京分布图

（底图为《支那省别全志·北京街市图》）

图 2-6　通州区山左会馆区位图
（底图为《光绪通州志·通州府城池图》）

　　在北京的山东会馆，大部分在城市更新的过程中湮灭在了历史的尘埃里，保留到现在的有5座（见表2-1），其中位于校场头条的山左会馆、通州山左会馆（三义庙）、海阳义园会馆、登莱胶义园会馆（宝应寺）分别为区级文物保护单位。

表 2-1　北京现存的山东会馆

名称	具体地点	建造（重修）时间	保存状况	现状照片
北京山左会馆	西城区校场头条 17 号	清道光二十九年（1849 年）	区级文物保护单位	
通州山左会馆	通州区玉带河东街 358 号中仓街道成人教育中心院内	清雍正六年（1728 年）重修	区级文物保护单位	

名称	具体地点	建造（重修）时间	保存状况	现状照片
海阳义园会馆	朝阳区呼家楼南里2号	清道光二十五年（1845年）	区级文物保护单位（现为幼儿园）	
登莱胶义园会馆	西城区广安门登莱胡同29号	清乾隆六十年（1795年）重修	区级文物保护单位（现为小学）	
北京济南会馆	西城区烂缦胡同97号	清代	现为民居	

　　天津得益于"漕运"的繁盛而吸引了大批的鲁商在此行商经营，尤其是通过京杭运河北上的山东西三府商人，其中以济宁商人最为突出。天津北门外大街紧邻南运河，也因此成为最早的商品集散地，济宁商帮便在此兴建会馆（见图2-7）。除此之外，还有福建、广东商人兴建的闽粤会馆以及晋商修建的山西会馆。

　　山东商人在天津最主要的经营内容是丝绸、餐饮、茶叶、船行等，其中山东粮商与河南、直隶商人一起创办了天津粮商公所。除济宁商人外，登莱胶三府旅津经商者也不在少数，他们在黑牛城购买义地，并创建了登莱旅津同乡会①。此外山东商人在天津还建有两个同乡会，分别是在玉皇阁

---

① 中国人民政治协商会议天津市委员会文史资料研究委员会．天津文史资料选辑：第56辑[M]．天津：天津人民出版社，1992．

立人学校内的山东鲁北旅津同乡会，以及在南市的山东旅津同乡会。

图 2-7　位于北门外的天津济宁会馆
（底图为 1899 年《津城厢保甲全图》）

2. 运河山东段——聊城、济宁

运河山东段是全国各大商帮云集的区域，徽商、晋商、闽商、赣商等商帮都汇聚于此，大多数商帮在此建有会馆。根据笔者的统计，运河山东段兴建的会馆约有55座，其中晋商兴建的山西会馆数目最多，约28座，几乎占据了半壁江山，其次是徽商。而鲁商兴建的山东会馆的数量较少，笔者分析其原因如下。

一是经营产品不同导致的商帮实力上的差异。鲁商多经营绸缎布匹、粮食餐饮、杂货零售等产业，获利较少；晋、徽商等商帮则经营盐业、茶叶和票号等垄断性的行业，获利颇丰。因此晋商、徽商等有较多资金来修建规模庞大、气势雄伟的会馆建筑，鲁商则较少。

二是地缘因素导致兴建会馆必要性的不同。晋商、徽商等通过水运、陆运等来山东经商，离家乡较远，因而更有兴建会馆的必要；而鲁商就是本地商帮，在本地经商有天然优势，兴建会馆以联合、以壮声势的需求不强。

根据笔者统计，运河山东段的鲁商会馆有3座，其中两座位于聊城市的阿城镇。聊城阿城镇因运河而兴，明清时期商业繁荣，曾建有东、西、北3座会馆，除却北会馆为晋商所建，其余两座均是鲁商所建。东会馆是山东周村盐商在东关关帝庙旧址所建，周村古时隶属淤陵邑，因此该会馆又被称作"淤陵会馆",现仅存大殿和配房。西会馆则是山东商人重修龙王庙,以庙为址修建的会馆。运河流域另一座鲁商兴建的会馆是由济阳绸布商在济宁修建的会馆。

3. 运河江苏段——徐州、淮安

徐州是运河出山东后的第一站,也是古黄河和运河交汇的地方,有"五省通衢"之称,是鲁商南下的必经之地。山东商人在徐州的窑湾古镇便建有山东会馆。清中期,来自山东曲阜的九姓家族修葺了窑湾的三义庙,并以庙为址兴建会馆。窑湾的山东会馆(见图2-8)位于南大街靠河一端,紧邻大运河码头,前院堂楼青砖灰瓦,塑孔子像;二道院为正殿,内设有刘关张神龛[①]。

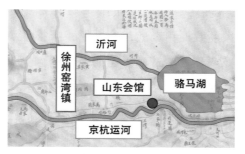

图 2-8　徐州窑湾山东会馆位置图
(底图为光绪《清代京杭运河全图》)

沿运河继续南行则到达淮安府,此处水网密布,城镇林立,在此经商的山东商人也较多。外地来此经商经常受排挤,因此吕、王、赵三位同乡便商议聚集乡人,在王家营建立了"山东行馆"(见图2-9),为来往的山东同乡提供餐饮住宿等服务[②]。

---

① 胡梦飞. 明清时期徐州地区的商人会馆[J]. 寻根,2018(5):55-61.

② 胡广洲. 明清山东商贾精神研究[D]. 济南:山东大学,2007.

图 2-9　淮安王家营山东行馆位置图
（底图为光绪《清代京杭运河全图》）

4. 运河南端——苏州、杭州

运河南端是江南商业最发达的地区，也是工商业重镇分布最密集的区域，山东商人在各地都有经商贸易活动，并在镇江、苏州、杭州等地都建造有山东会馆。比如位于运河与长江交汇处的镇江，就有两座鲁商参与创建的会馆，分别是山东会馆和北五省会馆[①]；运河南段的终点杭州也是商贾云集、商业繁盛的城市，鲁商在此建有两座会馆，分别是位于杭州陆官巷的山东会馆和位于新开弄口的山东新馆[②]。而鲁商活动最集中、最频繁，会馆分布最多的城市则当属苏州。

苏州鲁商兴建的山东会馆多建在阊门外。作为苏州城八门之一，阊门附近商铺林立，商业发达，往来商贾通过运河经山塘河进入苏州府，而在附近兴建起了众多会馆和商铺。顺治年间，旅居苏州的青莱登商人在山塘河岸修筑了气势雄伟的东齐会馆，其在乾隆年间重修，咸丰十年（1860年）毁于兵火，如今通过残存的会馆门墙亦可见当时会馆建筑之精致雄伟（见图2-10）。阊门还有山东东昌府枣商与河北枣商、苏州南北货商人共同建立的枣商会馆，兖州商人与徐州、淮安等府商人一起建立的江鲁公所。

①　李赞扬. 镇江古街巷地名掌故[M]. 合肥：合肥工业大学出版社，2018.
②　阙维民. 杭州城池暨西湖历史图说[M]. 杭州：浙江人民出版社，2000.

图 2-10　东齐会馆门墙

　　除却苏州府城外，同样位于运河沿岸的吴江盛泽也是鲁商活动较为密集的地方。作为丝绸业重镇，盛泽吸引了大批山东丝绸商人来此经营绸布业，嘉庆年间就有济南府的丝绸商人在盛泽斜桥街建立了济东会馆，民国时候重修，如今会馆建筑被改造为镇图书馆，是吴江市的文物保护单位，也是盛泽镇丝绸文化的重要遗存（见图2-11、图2-12）。除济东会馆外，山东济宁丝绸商人在盛泽也建有济宁会馆，其于康熙年间建立，因供奉金龙四大王，又称金龙四大王庙。

图 2-11　济东会馆正门

图 2-12　济东会馆室内

　　苏州是除北京外山东会馆分布最集中的地方，也是鲁商活动最频繁的地区之一，现苏州仍保存有济东会馆和东齐会馆两座建筑，诉说着苏州的鲁商历史和记忆。

　　5. 支线会馆分布

　　除运河主轴之外，鲁商的足迹还沿着黄河、淮河、长江三条支线及其支流遍布全国各地，因此支线上的重要城市也都有山东会馆的分布。笔者根据历史文献及资料整理见表2-2。

表 2-2　支线山东会馆分布

主要支线		城市（数量）	会　　馆
黄河	黄河干流	开封（1）	山东会馆（省府后街）
		郑州（1）	山东会馆
		清化镇（2）	清化四省会馆、清化大王庙
		兰州（2）	八旗奉直豫东会馆（城关区）、山东会馆（木塔巷）
	渭水支流	西安（2）	山东会馆（五味什字）、五省会馆（盐店街24号）、山东公寓（崇礼路新五号）
	汾水支流	太原（1）	旗奉燕鲁会馆
淮河	涡河支流	亳州（1）	山东会馆（亳州三圣庙）
	淮河干流	蚌埠（1）	山东同乡会（现蚌埠市中心血库处）
长江	长江干流	南京（1）	山东会馆（讲堂大街西首陡门桥）
		芜湖（1）	山东会馆（下一五铺杭家山脚下）
		武汉（2）	山东会馆（武昌北斗桥北）、齐鲁公所（汉口戏子街）
	赣江支流	铅山县（1）	山东会馆（铅山县河口镇镇南）
	汉水支流	安康（1）	北五省会馆（安康市紫阳县城瓦房店）
	湘江支流	湘潭（1）	北五省会馆（雨湖区平政路392号）
	岷江支流	成都（2）	燕鲁公所、八旗奉直东会馆（锦江区域金玉街）

从表2-2中可以看出，各支线上的城市中都零星分布有山东会馆，大部分都是一两座，也可以印证鲁商沿着各支线的影响力逐渐减弱。

（二）沿海运分布的山东会馆

如前文所述，海运是鲁商南下北上，甚至远赴朝鲜、日本的主要方式。这一点也体现在山东会馆的分布当中，海运北上的主要港口如营口、海城、金州，南下的城市如上海、宁波、福州、广州等，都有山东会馆的分布，山东会馆沿着海运呈现出"散点式"的分布特征。

1. 北闯关东——营口、金州

与山东隔海相望的关东地区是鲁商活动较为集中的地区，也是山东会馆分布最密集的3个地区之一。其中山东登莱胶地区的商人通过海运到达的营口、海城、金州、丹东等地均建有山东会馆（见图2-13）。在辽宁沿海地区的山东会馆绝大多数都是山东登莱胶海商所建造的天后宫，现存的是丹东大孤山天后宫（见图2-14）。

图 2-13　辽宁沿海山东会馆分布

金州有两座山东会馆，一座是位于复州的海神娘娘庙，一座就是金州天后宫，清乾隆五年（1740年）由山东海商集资建造。金州天后宫规模宏大，占地6 000多平方米。盖州城是辽南沿海的商业重镇，清乾隆三十五年（1770年）旅

图 2-14　丹东大孤山天后宫

盖的山东同乡集资在老城区北关东里路北建造山东会馆，因馆内供奉天后娘娘而又被称为天后宫。丹东山东会馆建于大孤山天后宫内，如今天后宫与关帝殿、龙王殿等一起组成大孤山古建筑群。

营口山东会馆原名保安堂，建于咸丰元年（1851年），民国十七年（1928年）重修，院内供奉地藏菩萨，会馆停办后，原址改建为营口市第十中学。海城是山东商人到达辽宁沿海沿着辽河而上的重要集镇，在这里建有3座山东会馆。海城山东会馆建于乾隆元年（1736年），是山东黄县同乡集资建造，管内供奉天妃娘娘，因此又被称作山东会馆天后宫，现今该会馆已经异地复建，在关帝庙东侧作博物馆之用。海城牛庄是沿河重镇，山东兖州、青州商帮在此地与其他商帮合建了"冀兖青扬会馆"；溯太子河而上，经过腾鳌镇，有一座三省会馆，是鲁商与山西、河北商人共建，又称三会公所，目前该建筑为民宅，保护状况不容乐观。

2. 南达江浙——上海、宁波

鲁商南下最方便到达的地方就是长江入海口，因此在上海、宁波等港口都有山东会馆的踪迹。上海先后有7座鲁商参与创建的会馆公所，数量较多（见图2-15）；宁波建有一座山东梁山会馆，由在宁波的山东海商创建的同乡会所建[①]。

上海是鲁商集中的区域，上海最早的会馆便是顺治年间由鲁商参与创

---

① 郑绍昌. 宁波港史[M]. 北京：人民交通出版社，1989.

建的关山东公所，后经过发展，在光绪年间，旅沪的山东商帮在旧址上改建山东会馆，又名齐鲁会馆（见图2-16）。可见鲁商在上海发展的前期就已经在此立足，并占据着重要的地位。此外，山东东三府商人在宝山县建立了登莱公所，胶东商人在上海县虹口区域建立了东鲁会馆，山东报关业商人在上海南市蓬莱路建立了报关业公所，等等。

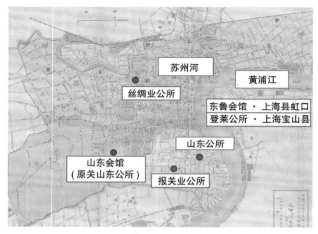

图 2-15 上海山东会馆分布区位图　　　　图 2-16 上海山东会馆
（改绘自 1917 年《上海新地图》）　　　（武训学校校长李士钊拍摄）

3. 直抵闽粤——福州、广州

从江浙地区沿海岸线继续南行，便可以抵达福建、广东等地。此地经商的山东人虽不在少数，但是相较于其他商帮而言，势力较弱，因此在此地的山东会馆多为省级合建的会馆，一般是与直隶商人合建。

在福州，有一座八旗奉直东会馆，便是山东人参与创建的会馆（见图2-17）。八旗会馆本为来闽满汉官员所倡建，后旅闽的山东人亦参与其中，这从会馆现存的《八旗奉直东同乡官录》可以得见。广东八旗奉直东会馆创建于清光绪年间，设立之初仅旗籍人员可参与，后经费不足，山东人捐资共建，以联合乡谊，后改建为卢氏宗祠（见图2-18）。

图 2-17　福州八旗奉直东会馆

图 2-18　卢氏宗祠（八旗奉直东会馆改建）

此外，山东商人还利用沿海的便利性，通往朝鲜、日本等地，并在当地建立会馆。根据记载，鲁商在朝鲜的华籍商人中人数为最多，同时建立有北帮会馆[①]。

（三）沿铁路分布的山东会馆

山东会馆大多兴建于清中后期，甚至很多会馆建于民国时期，而此时铁路等近现代交通也在中国大地铺展开来。铁路的建设，对于鲁商文化的传播及山东会馆的分布也有着明显的影响。

山东地区的胶济铁路早在1904年就建成通车，沟通山东运河流域和沿海区域形成东西交通的大动脉，也因此在周村、潍县、即墨等地形成了势力较大的商帮。东北地区的中东铁路则建成更早，1896年沙俄政府就开始筹建中东铁路，中东铁路于1903年建成通车，图2-19所标注的中东铁路沿线城市或早或晚均建有山东会馆。

图 2-19　中东铁路沿线山东会馆分布

---

① 庄维民．比较视野下的鲁粤商人与近代东亚贸易圈[J]．东岳论丛，2016（11）：5-14.

铁路的通车给货物运输提供了极大的便利，得益于此，鲁商在东北地区行商经营的范围扩大，足迹遍布东三省，在铁路沿线的较大城市多建有山东会馆或山东同乡会。山东人在哈尔滨参与创建的会馆有两处，一处是与河北商人共建的直东会馆，该会馆于1911年9月28日建成，馆址位于傅家甸北四道街。另一处是旅哈山东同乡会独立创建的山东会馆。1995年出版的《道外区志》中记载：哈尔滨山东会馆于1915年由山东同乡会组织成立，馆址位于滨江太古十道街①。除此之外，旅居长春的山东人于宣统元年（1909年）末，组织成立了长春山东同乡会②。

第二节　鲁商文化的主要传播路线

鲁商的崛起带动了山东会馆的产生与发展，而鲁商的经商轨迹与文化的传播路线则决定着山东会馆的分布特征。探究鲁商兴起发展的历史进程，我们可以明显地看到"西部运河"和"东部沿海"这两个发展中心的存在，依托京杭运河和沿海航运的交通优势，北上南下，直抵关东，形成了南北纵横的鲁商文化传播路线。而在运河流域和胶东沿海这二元中心之间，明清时期有东西驿道相连，后建有胶济铁路相通，形成了完整的鲁商文化传播路线（见图2-20）。

"二元中心"指的是以"西部运河、东部沿海"为中心的省内传播路线，主要路线以运河流域的东昌府（聊城）为起点，经过大清河至济南，沿着明清驿路经过淄博、潍县等到达登州府、莱州府等沿海地区。

---

① 哈尔滨市道外区地方志编纂委员会. 道外区志[M]. 北京：中国大百科全书出版社，1995.

② 曹淑杰. 清末民初长春的外省同乡会[N]. 长春日报，2018-09-07.

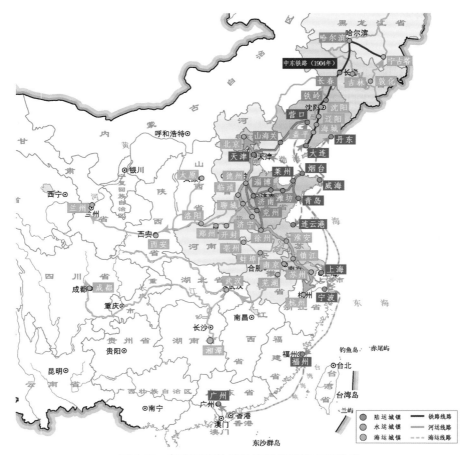

图 2-20 　鲁商经商轨迹及文化传播的主要路线

"南北纵横"指的是以运河为轴的北至京津、南抵江浙的传播线路和以海运为线的北抵关东、南达闽粤的传播路线。以运河为轴线又分出很多条相互联系的东西向支线，主要是黄河–渭水支线、淮河支线、长江支线等。

一、二元中心——以"西部运河、东部沿海"为中心

明清时期，山东地区的商业城镇体系较为明显地印证了二元中心的存在。商业城镇的形成得益于商品经济的发展，西部沿运地区漕船往来络绎

不绝，成为包括鲁商在内的各地商帮的主要活动地区；而东部沿海在海禁的影响下发展受限，但是鸦片战争之后，商业港口开埠加之胶济铁路建设，客观上使得东部沿海地区快速发展成为另一个重要的商贸活动中心。

因此，省内连接这两者的东西向道路则成为鲁商文化的主要传播路线。1904年胶济铁路通车，因此主要可以分为通车之前的明清官道驿路（见图2-21）和通车之后的胶济铁路线。

图 2-21　明代山东陆运线路图

明清省内的东西大道也成为胶济铁路兴建的基础。1904年，胶济铁路全线通车，近现代的交通方式使得山东东西部之间的交流愈加频繁，胶济铁路也因此成为联系山东运河和沿海的交通主动脉。

明清至民初，山东地区形成了以"西部运河、东部沿海"为中心的商贸活动区域，而联系这两者的明清的东西大道和清末的胶济铁路则成为鲁商文化传播的主要线路。

二、运河路线——以运河为轴北至京津、南抵江浙

鲁商跨省的商贸活动主要是沿着运河北上京津、南下江浙，因此也就形成了以运河为轴线的南北贯通的鲁商文化传播路线。而这两个地区的山

东会馆数量最多也间接印证了这个结论。除运河主线之外，鲁商还沿着黄河、渭水抵达陕西、甘肃等地，通过淮河抵达河南、安徽等地，沿着长江及支流到达南方各省区。

（一）运河轴线

京杭大运河是山东西三府的鲁商外出行商时主要的交通路线，因此鲁商文化传播形成了"以运河为轴，贯穿南北"的特点。

山东运河沿线形成了聊城、临清、济宁等都会城市，也有德州、张秋等工商业城市，更有数不胜数的各种小码头等，是包括鲁商在内的各大商帮活动的重要区域。省内运河沿线除水路外，还有两条京师大道通往南方地区（见图2-22）。运河的繁盛也吸引了晋商、徽商等商帮的加入，并在山东运河沿线兴建会馆。相较而言，鲁商势力不如两大商帮，但是也在运河沿线占据了一席之地，兴建了许多山东会馆。以聊城为例，就有周村盐商兴建的淤陵会馆和阿城镇北会馆两座会馆。此外，运河段的济宁也有济南府商人建造的济阳会馆。

鲁商经运河南上北下较为方便，但也在运河南北走向上建有陆运官路联通京师和江浙（见图2-23）。

图 2-22　明代山东南北路线图

图 2-23　明代水陆驿运图

　　鲁商通过运河北上的主要目的地是京津地区。北京作为政治中心，重要性自然不言而喻，山东来京建立会馆最早的却不是商人，而是鲁籍的官员，后来随着科举制度的废止，前往北京经商的山东人众多，因此也在北京兴建了很多商业会馆。其次是"九河下梢"的天津，发达的漕运使得天津成为鲁商活动最频繁的地区之一，鲁商在津建有1座会馆、3个同乡会和1个粮商公所。

鲁商经过运河南下到达江浙地区，再通过长江及其支流到南方各处行商经营。苏州作为重要的商业城市，是除北京外山东会馆分布最多的城市，上海也是鲁商活动的重要据点，并兴建有6座山东会馆。在鲁商南下沿途经过的城市中也有很多建有山东会馆，比如徐州建有窑湾山东会馆，淮安王家营建有山东行馆，等等。

（二）黄河－渭水支线

黄河－渭水支线是鲁商文化传播到陕西、山西、甘肃等西北地区的重要路线。鲁商西行，第一站是河南。河南与山东互为邻里，因地缘优势，鲁商在河南的大部分地区都有经商活动，主要集中在开封、郑州、洛阳等城市，这些城市也都有兴建山东会馆的记载。西安位于关中平原，是连接西北各地和东部沿海省份的重要枢纽，也是鲁商在西线上活动最集中的地方。再往西行，鲁商的足迹还到达了甘肃，在兰州和皋兰县都有鲁商活动的痕迹，在此地的鲁商大多和其他商帮联合兴建会馆，以八旗奉直豫东会馆为最多。

（三）淮河支线

淮河西起河南伏牛山，穿过安徽、在江苏汇入洪泽湖。淮河沿线也是鲁商活动的重要区域。蚌埠是鲁商沿着淮河支线活动的重要城镇，成立有山东同乡会；亳州位于淮河的支流涡河沿岸，因药材生产而成为远近闻名的商业集镇，外地客商往来不绝，并在各处兴建会馆，鲁商也不例外，在三圣街附近建立了山东会馆。

（四）长江支线

鲁商经京杭运河到达江浙等地之后，沿着长江及其支流将足迹扩展到南方各省份。镇江临江近海，又是京杭运河与长江的交汇处，因此在明清时期商业较为繁荣。鲁商沿运河南下到达镇江，在此经营，清后期鲁商联合河南、河北、山西、陕西等省的商人创办了镇江北五省会馆。此外，南京也是鲁商活动的重要区域，在陡门桥外建有山东会馆。鲁商是在芜湖最早兴建会馆的商帮，明代山东商人就已经在芜湖行商经营。溯江而上，抵达武汉，在汉口镇和武昌镇均有山东会馆成立的同乡组织，在武昌北斗桥北建有山东会馆，在汉口戏子街建有齐鲁公所。

鲁商在南方地区的活动范围甚广，但是由于南方经济较为发达，诸如黄州帮、怀庆帮、江西商帮等各地域性商帮层出不穷，徽商、晋商、粤商、闽商等在全国都有影响力的商帮也活动频繁，鲁商便多联合或依托其他商帮建立会馆。比如沿着湘江南下，抵达湘潭就有鲁商和山西、陕西、河北、河南等省商人联合兴建的北五省会馆。

三、海运路线——以海运为线北抵关东、南达闽粤

山东三面环海，有着明显的海运交通优势和优良港口的建设条件。鲁商尤其是登莱胶三府的商人多通过海运的方式北至辽东、天津，南至福建、广东等地经商，也由此开辟了北抵关东、南达闽粤、东至朝日的海上路线。

（一）北上航线——北抵关东

山东北上通往天津和辽东地区的航海线路，开发较早，也是鲁商往来最为频繁的线路之一。明朝实行海禁，山东东部沿海的港口多因军事和政治而得到建设，山东登州府与莱州府因作为辽东的后援基地，与其往来的海运航线较为通畅。在清中后期海禁松弛之后，商人成为海运航线的主体，山东也开通了很多通往辽宁和天津的商用航路。

根据前文所述，山东地区的海港大多优良，很多港口在清代就已经发展为专门用于商业贸易的的商港，其中登州府黄县、烟台港口最为繁忙。

南北商人通过山东各大港口经海运前往各地行商，北上的航线主要是前往天津、山海关及辽宁的锦州、牛庄、盖州、岫岩、金州等地（见图2-24），而在这些地方常常能够看到山东会馆的痕迹。尤其是"闯关东"移民时期，山东通往辽宁营口、大连的航线成为移民的主要路线，到达辽宁之后的山东人通过辽河以及中东铁路深入关东内地。在辽东半岛各地的山东商民，多是来自山东西三府的商人，以黄县商人为最多。山东商民在辽宁各地聚集行商，甚至在当地兴建会馆、同乡会等。根据笔者的统计，辽宁是山东会馆分布最为密集的省份之一，历史上约有15座，现存4座。

图 2-24 北上航线示意图

（二）南下航线——南达闽粤

山东各地海港南下的航海线路，多半是通往上海、江浙、福建和广东等地。山东与上海、江浙等地的海运路线比较繁忙，不仅有山东商人扬帆而下，也有福建、广东商人北上至山东沿海各地经商，诸如烟台就有福建商人兴建的天后宫，青岛有粤商兴建的广东会馆，等等（见图2-25）。

图 2-25　南下航线示意图

　　山东商人南下最近的地方是江苏沿海各港口。苏北的海州（今连云港），山东客商往来不绝。根据碑文资料记载，光绪年间，山东商人在海州捐资创办了天后宫[①]。苏北庙湾镇，就有山东日照的商人往来，以"己舟运己粟，到苏北庙湾镇"[②]。

　　其次是上海和江浙等地，根据碑文记载，在上海活动的商人最早的就有山东商人和关东商人，在道光年间山东商帮首先创建了登莱公所，而后自光绪年间创建会馆。在上海的山东商人多经营粮食、杂货和丝绸业，因

[①]　于继增. 连云港的天后宫碑文[M]//沿海风情录. 北京：海洋出版社，1991.

[②]　邓亦兵. 清代前期沿海运输业的兴盛[J]. 中国社会经济史研究，1996（3）：40-52.

此上海丝绸公所也有鲁商的参与。根据《宁波港史》的记载，浙江宁波也有鲁商兴建的会馆，如山东同乡会创办的梁山会馆[①]。在宁波的鲁商多是来自烟台、青岛等地。

山东商人通过海运前往福建福州、广东广州等地行商经营，在福州和广州都有山东商人参与创建的八旗奉直东会馆。

（三）国外航线——东至朝日

山东与朝鲜、日本隔海相望，因此也有很多鲁商通过海运远赴朝鲜、日本进行经商活动。从山东半岛各港口出发前往朝鲜、日本各地的路线也就成为鲁商文化东向传播的主要路线（见图2-26）。

图 2-26　朝日航线示意图

作为最早到朝鲜活动的商帮之一，鲁商在朝鲜的实力十分雄厚。大多数的华商商铺中都有鲁商的身影，涵盖饮食业和服务业等各行各业。例如1889年，汉城（现首尔）华商商铺约100家，完全没有山东人参与的仅16

---

① 郑绍昌. 宁波港史[M]. 北京：人民交通出版社，1989.

家①。在首尔的山东商帮连同直隶商帮，于1900年前后设立了北帮会馆②，1891年山东商人还在仁川建立了山东同乡会（馆）。

日本是山东东向航海路线的另一目的地，在日本的商帮主要有广东帮、福建帮、三江帮和北帮，而在北帮中人数最多的为鲁商。在日的鲁商主要集中在大阪，主要从事杂货行业。北帮在大阪成立了大清北帮商业会议所，山东商人和福建商人一同成立了福东华商工会，等等③。

---

① 庄维民．山东海上丝绸之路历史研究[M]．济南：齐鲁书社，2017．

② 首尔的华人商帮按照区域可以分为北帮、南帮和广帮，其中北帮以山东和直隶商人为主。北帮会馆位于首尔水标町49番地。

③ 庄国土，清水纯，潘宏立，等．近30年来东亚华人社团的新变化[M]．厦门：厦门大学出版社，2010．

第三章 山东会馆的建筑空间与形态特征分析

第一节 山东会馆的选址与布局

一、选址倾向：多选址于滨江沿街的位置

鲁商在进行会馆选址时，往往会从交通便利性及商业贸易的角度进行考量，因此会馆多选址于沿水滨江的位置，但是由于河流走向不同，会馆朝向及布局也就略有差异。笔者通过统计现存会馆与河道及商业街巷的关系发现，大部分会馆都会选址在城镇的主要商业街道，大多数都会垂直或平行于河道（见表3-1）。

表 3-1 现存山东会馆主轴朝向及与河流关系统计表

会馆名称	主轴线朝向	与河道的关系	是否临近商业街道
北京通州山东会馆	坐南朝北	垂直	是
北京登莱胶义园会馆	坐北朝南	无	是
北京海阳义园会馆	坐北朝南	无	是
江苏盛泽济东会馆	坐北朝南	垂直	是
江苏苏州东齐会馆	坐东北朝西南	垂直	是
丹东大孤山天后宫	坐北朝南	平行	是
辽宁海城山东会馆	坐北朝南	垂直	是
辽宁鞍山三省会馆	坐北朝南	垂直	是
辽宁辽阳山东会馆	坐南朝北	平行	是
湖南湘潭北五省会馆	坐西北朝东南	垂直	是
瓦房店北五省会馆	坐西北朝东南	倾斜45度角	是
山东聊城淞陵会馆	坐北朝南	无	否
福建八旗奉直东会馆	坐北朝南	平行	是

究其原因，会馆选址靠近水岸码头是为了方便人员往来及货物运输，而不靠近河流的会馆多设在商业繁荣的城镇街道，这是便于商人的聚集及经营。因此可以大致将选址分为两大类：沿河滨江的街道与城镇主要商业街道。

（一）沿河滨江的街道

鲁商在外行商经营，为了抢占交通优势，大部分会将会馆或平行或垂直于河道设在沿河滨江的街道，直达水岸码头。

会馆选址临江滨河的主要原因有二：一方面，在铁路兴起之前，水运是古代商贸活动的主要交通方式，因此为了便于人员往来和货物运输，会馆多选址在水陆交通转换的节点。另一方面，商人外出行商多信风水，水为财，会馆选址在水道附近有着"水口收藏积万金"[①]，聚财兴运的美好寓意。

以徐州窑湾古镇山东会馆为例，该会馆位于南大街的最南端，紧邻运河码头，面朝码头设立三间堂楼，青砖灰瓦，内部供奉孔子圣像。如今会馆已纳入规划设计，复原为"三圣庙"。而其他一些会馆也与河道紧密联系，苏州东齐会馆位于山塘河边，瓦房店北五省会馆位于任河边，湘潭北五省会馆位于湘江边，等等，不胜枚举（见图3-1至图3-4）。

（a）

（b）

图 3-1　徐州窑湾山东会馆位于运河边
（底图为光绪《清代京杭运河全图》）

图 3-2　苏州东齐会馆位于山塘河边
（底图为 1931 年《苏州新地图》）

---

① 何炳棣. 中国会馆史论[M]. 台北：台湾学生书局，1966.

图 3-3　瓦房店北五省会馆位于任河边　　　　图 3-4　湘潭北五省会馆位于湘江边

（二）城镇主要商业街道

即使没有邻水近河，山东会馆也往往会选址于商业比较发达的街道，为往来行商贸易提供便利。如天津济宁会馆便设立于天津最早的商业中心——北门外大街，而青岛齐燕会馆选址在馆陶路，也是受商业发展的影响。馆陶路附近商铺林立，商业发达，更是多家金融机构的聚集地，会馆选址于此利于贸易往来。齐燕会馆后期还曾作为证券交易场所，这也证明了商业因素对选址的影响（见图3-5）。

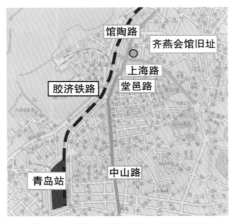

图 3-5　青岛齐燕会馆位于馆陶路
（底图为 1947 年《青岛市地图》）

综上所述，影响会馆选址的因素有很多，其中经济繁荣程度、交通的便利性、风水等都是建造者所要考虑的重要因素。

二、平面布局：山门、侧殿、正殿组成四合院落原型及其变体

（一）建筑朝向

山东会馆的建筑朝向与场地环境的关系可以分为坐北朝南、坐南朝北、垂直于河道、平行于河道以及其他因场地或设计等因素导致的变型（见表3-2）。

表 3-2　山东会馆建筑朝向及与场地环境的关系

类型	图示	案例	
坐北朝南	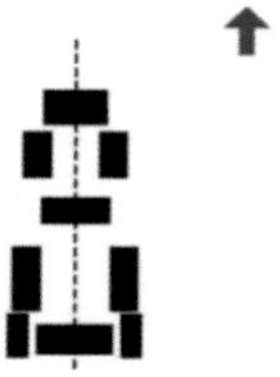	 斜桥河　盛泽济东会馆　盛泽济东会馆	 杨柳河　腾鳌三省会馆　腾鳌三省会馆
坐南朝北	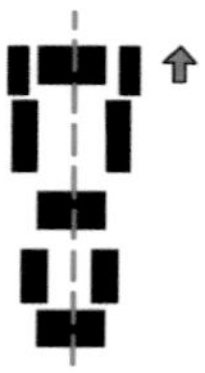	 通州山左会馆　通州山东会馆	 辽阳观音寺（经商山东会馆）　辽阳山东会馆

续表

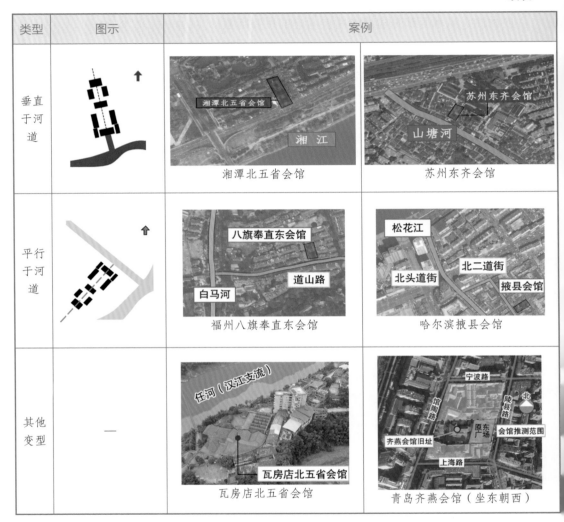

类型	图示	案例	
垂直于河道		湘潭北五省会馆	苏州东齐会馆
平行于河道		福州八旗奉直东会馆	哈尔滨掖县会馆
其他变型	—	瓦房店北五省会馆	青岛齐燕会馆（坐东朝西）

由表3-2可知，山东会馆正南北朝向中既有传统的坐北朝南的布局，也有坐南朝北的案例。坐南朝北多是受河流与街道的影响，通州山左会馆北侧为玉带河，辽阳山东会馆北侧为商业繁华的中华大街。

沿河的城镇街道大多会与河道平行或垂直，会馆分布其间，其主轴线也会存在垂直于河道和平行于河道两种情况。如表3-2所示：湘潭北五省会馆垂直于湘江，面朝码头；苏州东齐会馆垂直于山塘河，会馆门前设有码头。而平行于河道的会馆则多与河道相距较远，多朝向垂直于河道的主街道。除此之外，还有受其他因素影响而产生的变型，如：受到山势地形影响的瓦房店北五省会馆虽然临河而建，却与河岸垂直线形成了约30度的夹角；而青岛齐燕会馆则受到街道及地势影响，由于西侧的馆陶路地势低于东侧陵县路，会馆朝向设置为坐东朝西，在西侧馆陶路设置多层台阶，通向会馆主入口。

（二）建筑要素组成

各建筑组成要素在不同会馆中的占比各有差异，通过对现存及历史记载中的山东会馆进行组成要素分析（见表3-3），可以得出以下结论。

表 3-3　山东会馆各建筑要素组成情况表

会馆名称	照壁	牌坊	山门	戏台	正殿	钟鼓楼	侧廊	厢房	院落	轴线	春秋阁	合计
北京通州山东会馆	×	×	√	×	√	×	×	√	√	√	×	5
北京登莱胶义园会馆	×	×	√	×	√	×	√	√	√	√	×	6
北京海阳义园会馆	×	×	√	×	√	×	√	√	√	√	×	5
北京济南会馆	×	×	√	×	√	×	×	√	√	√	×	5
江苏盛泽济东会馆	×	×	√	√	√	×	√	√	√	√	×	7
江苏苏州东齐会馆	×	×	√	√	√	×	√	√	√	√	×	7
丹东大孤山天后宫	√	×	√	√	√	√	×	√	√	√	×	8
辽宁海城山东会馆	×	×	√	√	√	×	√	√	√	√	×	6
辽宁鞍山三省会馆	×	×	√	√	√	×	×	√	√	√	×	5
辽宁辽阳山东会馆	×	√	√	√	√	√	×	√	√	√	×	8

会馆名称	照壁	牌坊	山门	戏台	正殿	钟鼓楼	侧廊	厢房	院落	轴线	春秋阁	合计
宁古塔山东会馆	×	×	√	×	√	×	×	√	√	√	×	5
湖南湘潭北五省会馆	√	×	√	√	√	×	√	√	√	√	√	9
瓦房店北五省会馆	×	×	√	√	√	×	√	×	√	√	×	6
山东聊城潒陵会馆	×	×	√	×	√	×	√	√	√	√	×	6
福建八旗奉直东会馆	×	×	√	√	√	×	√	√	√	√	×	7
各要素占比 /%	13	7	100	40	100	27	60	93	100	100	7	

注：标"√"表示现存或文献记载曾经存在，"×"表示无存或待考。

首先占比超过80%的建筑要素包括山门、正殿、厢房、院落和轴线等，说明这些建筑要素是奠定会馆布局的基础，也体现了会馆布局中轴对称的院落式特征。其次就是占比为40%和60%的戏台和侧廊，戏台的设置与否与鲁商在各地的实力及建造者的喜好息息相关。而侧廊的设置则与地域差异有关，北方的山东会馆多是在轴线两侧设置厢房、侧殿、偏殿等单体建筑，而在南方的会馆则布局紧凑，多设置侧廊以供交通。最后就是占比较低的照壁、牌坊、钟鼓楼及春秋阁，这些都是会馆非必需的建筑要素，多因地制宜或是出现在与其他商帮共建的会馆中。

（三）平面布局的原型与变体

通过上文对于山东会馆各建筑要素组成的分析，除却部分近现代西式风格的建筑外，可以将山东会馆的平面布局总结为一种原型——中轴对称的院落式布局，即山门与正殿坐落在中轴线上，院落两侧因地而异设置配殿或侧廊。

最基本的建筑平面原型分为入口空间、观演空间、祭祀空间三部分（见图3-6）。山门及其变形作为会馆建筑的门面，属于礼仪性的建筑空间，一般是三开间硬山顶山门建筑，根据地域不同而略有差别。观演空间主要指的是东西配殿及部分会馆的戏台等，这一部分建筑一般是用作会馆的会客厅及议事厅，部分有实力的建造者会设置专门的戏台以供娱乐。祭祀空间是会馆中等级最高的建筑序列，一般指的是位于中轴线末端的正殿或拜殿等，这里一般用来祭祀先贤和神明。

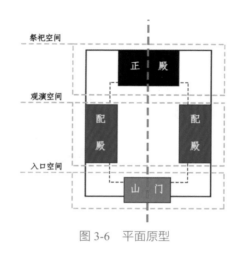

图 3-6　平面原型

从建筑平面布局的原型出发，又有以下的几种变体（见表3-4）。基本的一进院落格局，以通州山左会馆最为典型，而在此基础上横向增加一路院落就成了带有跨院的平面格局，如海阳义园会馆。第二种变体为两进院落的平面原型，又因南北和地势而各有差异。虽然同为两进院落格局，但是南方的济东会馆简化东西两侧的厢房为侧廊，同时南方炎热雨多，建筑栋栋相连，庭院较为狭小，多为天井，北方则空地较多，庭院开阔。第三种变体为三进院落平面格局，建筑类型和数量较多，也是平面布局最为丰富的一种，如丹东大孤山天后宫沿着山势层层递进成三级台地式院落，第一、二进院落为娱人空间，多为会客厅和议事厅，最后一进院落主祭祀，设有天后圣像。

表 3-4　山东会馆建筑平面原型、变体及相关案例

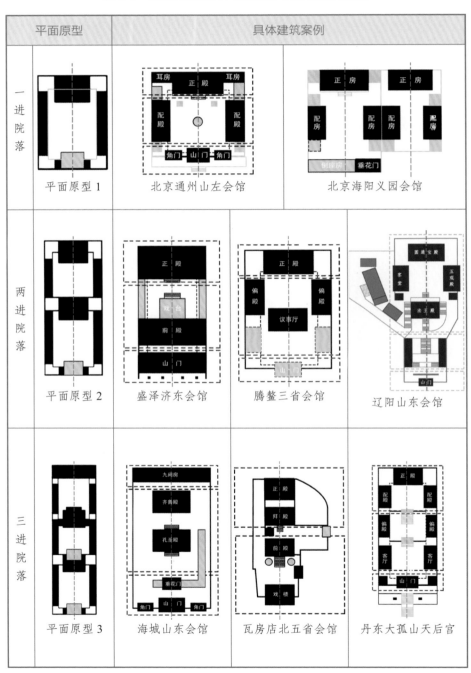

平面原型	具体建筑案例		
一进院落 平面原型 1	北京通州山左会馆	北京海阳义园会馆	
两进院落 平面原型 2	盛泽济东会馆	腾鳌三省会馆	辽阳山东会馆
三进院落 平面原型 3	海城山东会馆	瓦房店北五省会馆	丹东大孤山天后宫

三、空间格局：礼仪、娱人、酬神三重空间格局

会馆建筑在营造时大多采用轴线性的空间构图形式，因此建筑单体主要是沿着中轴进行排布。主轴线从前向后依次排列山门、前院、前殿、后院、正殿。个别会馆会因为地形地势的原因而略有差异（见图3-7）。

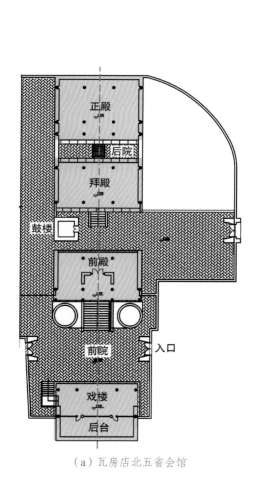

（a）瓦房店北五省会馆　　　　（b）湘潭北五省会馆

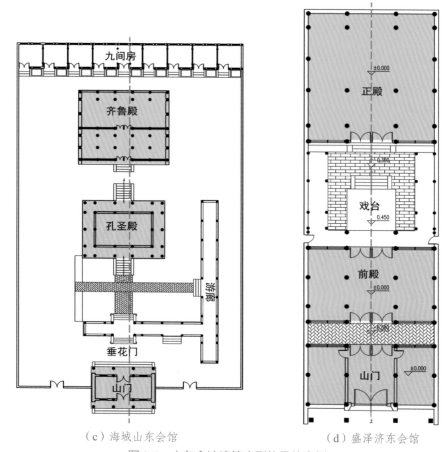

（c）海城山东会馆　　　　　　　　（d）盛泽济东会馆

图 3-7　山东会馆建筑序列的具体案例

　　会馆的空间格局是在平面布局的基础上按照功能作用形成的礼仪、娱人、酬神三重空间，主要由山门、前殿、戏楼、正殿等建筑及其他元素与场地环境构成。

　　首先是礼仪空间，主要是会馆的山门及其前广场、旗杆、牌坊、照壁等要素组成的空间，是鲁商向外展示自身实力的空间。因此礼仪空间或开敞，或高耸，以彰显其开阔恢宏的气势。该处空间的主要处理手法为以下三种：（1）设置入口台阶、牌坊、旗杆等来体现建筑的高耸感。如大孤山天后宫依山就势，在山门前设立三十三级台阶，并在入口台阶两侧设置高耸的旗杆，形成人抬头仰望的空间氛围；再如辽阳山东会馆在入口处设置三跨的石牌坊，也有同样的效果。（2）设置影壁及广场彰显开阔感，如大孤山天后宫台阶前有十几米宽的广场，并在南侧陡坎处设置影壁。（3）设置双门，如海城山东会馆在山门之后再设一进垂花门，形成严谨有序的礼仪空间（见图3-8）。

（a）大孤山天后宫照壁　　　　　　　　　（b）大孤山天后宫旗杆

（c）辽阳山东会馆牌坊　　　　　　　　　（d）海城山东会馆垂花门

图3-8　山东会馆礼仪空间元素

　　进入山门后，便到达第二重空间——由戏台、配殿等组成的观演、会客、议事的娱人空间。在这部分空间，各地山东会馆之间就产生了巨大的差异。一般山东会馆设置戏楼的多为与其他省份共建的会馆，诸如瓦房店北五省会馆、湘潭北五省会馆、福建八旗奉直东会馆等，且所处地域大多为南方。当然也有例外，如盛泽济东会馆便是济南府商人在太

（a）湘潭北五省会馆戏楼

湖之滨设立的会馆，现仍存戏楼的台基（见图3-9）。而在北方则多是在山门之后设置两侧配殿或厢房，用于会客议事，实用性更强。娱人空间或一进或两进院落，因地域或建造者的财力有别而产生差异。

（b）瓦房店北五省会馆戏楼

（c）盛泽济东会馆戏台

图3-9 设置戏楼的山东会馆

再往前行，便进入了空间序列的最高潮的部分——由正殿组成的酬神空间。山东会馆中大多都有祭祀神祇，设立在建筑空间序列等级最高的部分，这也是会馆的精神核心。正殿一般进深较大，内部空间幽暗深邃，殿内的神像傲然挺立，让人肃然起敬、内心涤荡。

礼仪、娱人、酬神三重空间格局成为山东会馆的主要序列关系。礼仪空间的宏伟让人震撼，娱人空间的开阔疏朗让人愉悦，酬神空间的神秘幽邃让人崇敬（见图3-10）。不同会馆因地势原因这三重空间的分布略有差异，如瓦房店北五省会馆，设置在东侧的山门偏离轴线，但仍满足三重空间的节奏（见图3-11）。

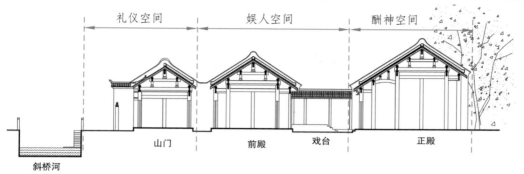

礼仪空间　　　　　娱人空间　　　　　酬神空间

斜桥河　　　　山门　　　　前殿　　　戏台　　　　正殿

（a）盛泽济东会馆

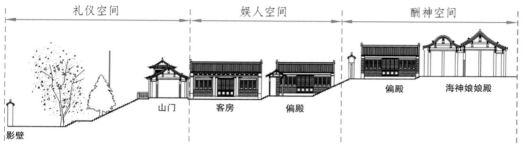

礼仪空间　　　　　娱人空间　　　　　酬神空间

影壁　　　山门　　　客房　　偏殿　　　偏殿　　海神娘娘殿

（b）丹东大孤山天后宫

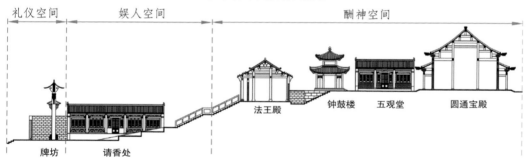

礼仪空间　　娱人空间　　　　　　酬神空间

牌坊　　请香处　　　　法王殿　钟鼓楼　五观堂　　圆通宝殿

（c）辽阳山东会馆

图 3-10　山东会馆的三重空间格局

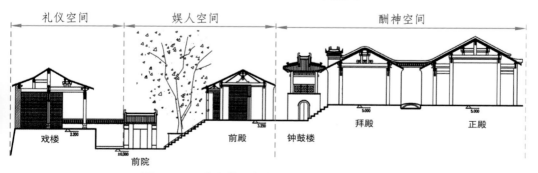

礼仪空间　　　　娱人空间　　　　　　酬神空间

戏楼　　　前院　　　　　前殿　钟鼓楼　拜殿　　　　正殿

图 3-11　瓦房店北五省会馆三重空间格局的变异

第二节　山东会馆的形制与结构

一、山门与前殿

山门作为会馆形象的主要展示面，往往修建得高大雄伟，给人留下良好的第一印象。山东会馆的山门形式多样：南方地区以牌楼式的山门为主，高耸挺拔；而在北方，则多采用殿宇式山门，疏朗开阔。在北方，除却殿宇式的山门类型之外，鲁商还常常将会馆设置在民宅与寺庙之中，因此有一部分会馆建筑的山门采用的是北方民宅与祠堂庙宇的山门形式（见图3-12）。

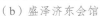

（a）湘潭北五省会馆　　　　（b）盛泽济东会馆　　　　（c）苏州东齐会馆

图 3-12　山东会馆中的牌楼式山门案例

部分会馆山门会与戏楼结合设置，在山门后设置戏楼，这种形制在山陕会馆或部分南方商帮兴建的会馆中较多，但在山东会馆中比较少见，现存仅湘潭北五省会馆一座。在历史文献记载中金州山东会馆存前后两座戏楼，因此笔者推测其前院戏楼的设置方式应也是与山门结合的形制。除此之外，大多数的山东会馆采用的都是独立式的山门形制。

牌楼式山门在立面上往往与两侧偏门形成中轴对称式格局，正门牌楼高于两侧，配之精美的雕刻，恢宏大气，雍容华贵。此外，在山门两侧的山墙往往会突出墙体，从而形成"八"字形的山门造型，这在北方山东会馆中并不多见，但在南方的会馆中比比皆是。八字山墙按照与山门的关系可以分为垂直于山门和部分倾斜两种形式，湘潭北五省会馆与盛泽济东会馆均是垂直式，而苏州东齐会馆两侧山墙则倾斜一定的角度（见图3-13）。

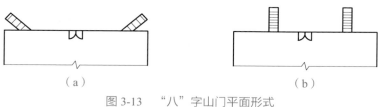

图 3-13 "八"字山门平面形式

　　殿宇式山门在立面中往往更强调横向构图，水平舒展开阔。此类山门常出现在北方的山东会馆当中，面阔三间或五间，有的还会在山门两侧设置钟鼓楼，开侧门，横向延伸，开阔大气。比如海城市山东会馆，硬山式屋顶，门前四根朱漆立柱，正中开间高悬"山东会馆"匾额，两侧开偏门；再如丹东大孤山天后宫，山门立于台地之上，殿前有台阶三十三级，建筑雕梁画栋，山门内有左右两座怒目神像，墙壁绘有天后事迹图。在南北交界地带的山东会馆也有类似案例，如处汉江流域的瓦房店北五省会馆，因地形限制，山门后置与前殿结合，殿前立有石质门框，整体建筑立于高台之上，疏朗大气（见图3-14）。

（a）海城山东会馆

（b）丹东大孤山天后宫

（c）瓦房店北五省会馆

图 3-14　山东会馆中的殿宇式山门案例

　　山东会馆在北方分布较广，尤其是北京地区，在此地的山东人多借助四合院民居或寺庙设立会馆，因此山门也多是民宅、寺庙的形制。依民宅而设的会馆多采用垂花门、金柱大门的样式，与周边民居融合在一起，整体较朴素。如北京海阳义园会馆采用的是垂花门的样式，济南会馆与山左会馆则为金柱大门的样式。另有部分会馆以庙而建，如登莱义园会馆原为宝应寺，通州山左会馆也是在三义庙旧址上改建而来的，因此改建后的会馆山门也借鉴了寺庙形制，多为砖石砌筑的门楼形式（见图3-15）。

（a）北京海阳义园会馆

（来源于白继增、白杰：《北京会馆基础信息研究》，中国商业出版社2014年版）

（b）北京济南会馆

（c）北京山左会馆

（d）通州山左会馆

（e）北京登莱义园会馆

图 3-15　山东会馆中的宅门／庙门式山门案例

二、戏台与钟鼓楼

戏台作为娱人空间的重要建筑，在会馆设置时往往占据着重要的地位。

山东会馆中的戏台设置形式多样，可以分为以下四类（见图3-16）：
（1）与山门结合设置，该类戏台多位于第一进院落入口处，与山门朝向相反，如湘潭北五省会馆。（2）单独设置，该类戏台常单独设置在第二进院落，如盛泽济东会馆。（3）结合设置，这种配置规格较高，多出现在规模较大的会馆中，如金州山东会馆。（4）单独设置的变体，戏台独立成为主轴线上的单体建筑，如瓦房店北五省会馆（见图3-17）。

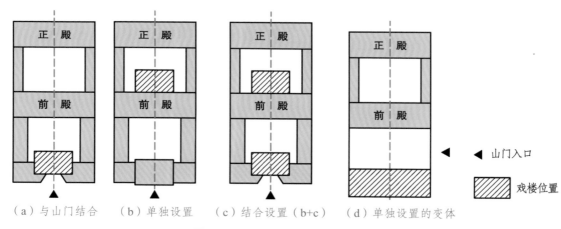

（a）与山门结合　（b）单独设置　（c）结合设置（b+c）　（d）单独设置的变体

图 3-16　山东会馆戏台位置示意图

（a）瓦房店北五省会馆戏楼　　　（b）湘潭北五省会馆戏楼　　　（c）盛泽济东会馆戏台

（d）海城山东会馆戏楼　　　　　　（e）金州山东会馆戏楼

图3-17　山东会馆的戏楼与戏台

钟鼓楼为成对出现的对称式楼阁建筑，多出现在城市、宫殿及寺庙中。会馆大多有祭祀功能，甚至有的会馆直接建成庙宇的形制，因此部分会馆也会设置钟鼓楼。会馆中的钟鼓楼多设置在第一进院落两侧，同山门一起组成会馆的正立面构图，如丹东大孤山天后宫。有时也会将钟鼓楼设置在第二进院落，瓦房店北五省会馆现存的钟楼便位于前殿与拜殿之间，辽阳山东会馆则是位于天王殿与圆通宝殿之间的院落两侧。在形制上，多为砖木砌筑的阁楼式，屋顶以攒尖或歇山式居多。以丹东大孤山天后宫最为典型。但是也有相关变体：瓦房店北五省会馆钟楼是设立在砖砌台基之上，二层为楼阁式建筑，无障日板壁围合，四根立柱通透开阔，屋顶为收山歇山顶；辽阳山东会馆钟鼓楼屋顶形式则为四面坡攒尖顶（见图3-18）。

（a）丹东大孤山天后宫钟鼓楼

（b）瓦房店北五省会馆钟楼　　　（c）辽阳山东会馆鼓楼

图 3-18　山东会馆中的钟鼓楼案例

三、正殿与拜殿

正殿是山东会馆建筑序列中的最高一级，多用来祭祀先贤神灵，成为会馆建筑中的精神核心空间。拜殿通常与正殿成对出现，中间以天井相连，营造出幽暗神秘的祭祀空间。

会馆正殿建筑的形制多种多样，其中最为典型的有以下几种。

第一种是"一殿一卷式"，通常情况下是由一个硬山式的正殿与一个卷棚式的抱厦组成。卷棚抱厦有时会做成开敞式的玄廊，其檐下构成的灰空间可以增强正殿空间的神秘感，如丹东大孤山天后宫的海神娘娘殿[见图3-19（a）（c）]，便是卷棚式的玄廊与硬山式正殿融为一体，别具一格。而卷棚抱厦的另一种形式就是与硬山正殿一起扩展了内部空间，如复建后的海城山东会馆就属此类[见图3-19（b）（d）]。这种勾连搭形式的屋顶高低错落，极大地丰富了立面及空间的层次。

（a）丹东大孤山天后宫正立面

（b）海城山东会馆正立面

（c）丹东大孤山天后宫侧立面

（d）海城山东会馆侧立面

图 3-19　山东会馆正殿中"一殿一卷式"屋顶具体案例

　　第二种是硬山式屋顶，会馆正殿多为七檩前后廊式建筑，面阔三间或五间。建筑平面多类似宋式的双槽做法，部分会有出廊，形成幽深的殿身空间，如北京登莱义园会馆和宁古塔山东会馆。正殿往往装饰繁华，在柱身、梁架、墙身等处施以彩绘，在柱头、斗拱处做木雕，在墀头部分常常会装饰各式各样的砖雕等。

　　第三种是重檐歇山顶，这种规格的屋顶形式在山东会馆建筑中比较少见，目前仅有辽阳观音禅寺的圆通宝殿为此形制。辽阳观音禅寺在清末民初时改建为山东会馆，其正殿面阔五楹，重檐歇山收山屋顶，高耸挺立。正殿内部面北供奉有观音大士，面南供奉有释迦牟尼，属于一殿内供奉两座神像，实属罕见（见图3-20）。

（a）通州山左会馆

（b）北京登莱义园会馆

（c）北京海阳义园会馆

（d）宁古塔山东会馆

（e）盛泽济东会馆

（f）瓦房店北五省会馆

（g）金州天后宫

（h）辽阳山东会馆（重檐歇山式）

图 3-20　山东会馆正殿硬山及重檐歇山式 屋顶具体案例

四、其他配殿

在会馆建筑序列中，院落两侧往往会设置用作会客、议事、娱乐的配殿、厢房或出廊。具体会根据场地条件和需求来设置：有的会在主轴线两侧设置配殿，如大孤山天后宫三进院落均有东西配殿，功能略有差异；有的则只设置出廊，如盛泽济东会馆。分析各地会馆配殿可以发现，绝大多数的配殿都是硬山式屋顶，面阔三间或五间，部分配殿会在两侧设置耳房（见图3-21）。

（a）通州山左会馆东厢房　　　　　　（b）北京海阳义园会馆厢房

（c）北京登莱义园会馆厢房　　　　　　（d）宁古塔山东会馆西厢房

（e）丹东大孤山天后宫配殿

（f）盛泽济东会馆侧廊　　　　　　（g）辽阳山东会馆配殿及东客堂

图3-21　各地山东会馆的厢房及侧廊

五、结构形式

（一）结构体系

如前文所述，山东会馆的各殿宇采用的多是硬山式或组合式的屋顶，结构形式多为砖木混合式。整体的结构框架以抬梁式为主，穿斗式为辅。穿斗式常常出现在与抬梁式相互结合的做法当中，如盛泽济东会馆的正殿结构中，檐柱与金柱之间做单步梁串结，梁上直接承接檩条便是穿斗式的做法，但是正殿主体又是抬梁式的做法（见图3-22）。

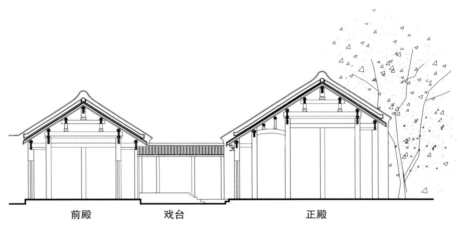

前殿   戏台   正殿

图 3-22　盛泽济东会馆前殿于正殿结构剖面

而在"一殿一卷式"的屋顶做法中，屋顶虽然相连，但其结构上却有各自独立的梁架，仅仅在交接的位置采用单步梁的做法将二者相连接，梁上架横向脊梁。如丹东大孤山天后宫的海神娘娘殿，在卷棚玄廊与硬山正殿交接处的短梁上雕刻精美纹样，兼具功能性与装饰性（见图3-23、图3-24）。

会馆配殿及山门多采用双坡硬山顶建筑形式，如海城山东会馆山门（见图3-25、图3-26）。建筑室内几乎是露明梁架，没有任何花纹装饰，但是在承重构件上却装饰有各种木雕及彩绘（见图3-27、图3-28）。

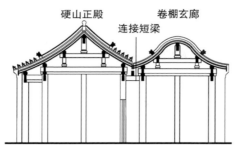

图 3-23　海神娘娘殿剖面图

（a）

（b）

图 3-24　大孤山天后宫正殿及卷棚玄廊

（a）

（b）

图 3-25　海城山东会馆齐鲁殿及孔圣殿

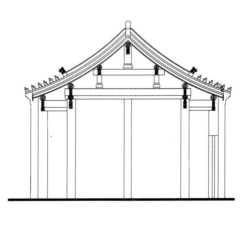

图 3-26　海城山东会馆山门剖面

（a）　　　　　　　　　　　　　　　　　　（b）

图 3-27　瓦房店北五省会馆正殿及前殿

（a）　　　　　　　　　　　　　　　　　　（b）

图 3-28　湘潭北五省会馆卷廊结构

（二）屋　顶

　　山东会馆建筑的屋顶样式以硬山顶为主，同时还有"一殿一卷式"与"重檐歇山式"（见图3-29）。山东会馆各殿宇的屋顶形式多样、装饰朴素，具有明显的地域性特征。

（a）海城山东会馆齐鲁殿"一殿一卷式"　（b）辽阳山东会馆圆通宝殿"重檐歇山式"

（c）瓦房店北五省会馆正殿及拜殿硬山及卷棚式

图 3-29　山东会馆屋顶样式

（三）山　墙

山东会馆的山墙南北各异。南方地区的山东会馆封火墙形式多样，以弧形山墙为主，同时也有马头墙的形式（见图3-30）；北方则一般没有封火山墙。

（a）瓦房店北五省会馆

（b）盛泽济东会馆

（c）湘潭北五省会馆

图 3-30　山东会馆山墙样式

第三节　山东会馆的装饰与细部

一、石　作

砖石是除木材外会馆建筑中使用最多的建筑材料。因而石作装饰也出现在会馆建筑的各个角落。石作装饰在会馆建筑中分布较广，内容也比较丰富。

山门作为会馆建筑的主要展示面，也是石作装饰分布最为密集的地方。石制匾额周边装饰繁复，雕刻十分精美，内容也包罗万象。如盛泽济东会馆及苏州东齐会馆门头上方雕刻有各种神话故事、人物形象、鸟兽鱼虫、植物花卉等，如图3-31（a）（b）所示。

会馆屋脊也是石作装饰分布较多的地方，各种青砖灰瓦雕刻而成的脊兽栩栩如生，也为会馆建筑增添几分古香古色，如图3-31（c）～（e）所示。

山墙墀头石雕在山东会馆中几乎都有存在。墀头装饰内容及形式各不相同，有的只在看面做雕饰，有的则会在三面做一圈统一的雕饰，如苏州东齐会馆檐下的砖雕斗拱及花卉图案便是迎端面与内外侧面相统一的雕饰。除此之外，正面石雕的样式及内容也不尽相同，常见的构图多是方形构图内绘制各种花卉神兽等，墀头下半部分采用叠涩出檐。另有矩形结合三角形式的构图，状如檐口的滴水造型（见图3-32）。

此外，石雕还会出现在柱础和台阶、石栏板等处。各地山东会馆的柱础样式各异，以圆鼓形的柱础为主，造型复杂的会有多边形的柱础，各面配以雕花（见图3-33）。会馆各殿宇门枕石上的石狮造型或脚踩绣球、气宇轩昂，或怒目圆整、威风凛凛，或精巧可爱、憨态可掬（见图3-34）。台阶及石栏板上的雕刻也同样精彩，连排水口设置的螭龙都雕刻得十分精美（见图3-35）。

（a）盛泽济东会馆山门及石刻

（b）苏州齐东会馆山门及石刻

（c）瓦房店北五省会馆瓦作

（d）海城山东会馆脊兽　　　　　　　　　　　　（e）辽阳山东会馆脊兽

图 3-31　山东会馆石作装饰案例

（a）瓦房店北五省会馆　　　　　　　　　　（b）腾鳌三省会馆

（c）大孤山天后宫

（d）苏州东齐会馆　　　　（e）海城山东会馆　　　　（f）辽阳山东会馆天王殿

图 3-32　山东会馆山墙墀头石雕案例

（a）湘潭北五省会馆 （b）大孤山天后宫

（c）瓦房店北五省会馆多边形及球形柱础

（d）辽阳观音寺圆形柱础 （e）盛泽济东会馆

图3-33 山东会馆柱础案例

（a）大孤山天后宫 　　　　　　　（b）济东会馆门枕石

（c）湘潭关帝殿门枕石 　　　　　　（d）辽阳观音寺牌坊

图 3-34　山东会馆门枕石案例

（a）湘潭北五省会馆御路石及石栏板　　　　（b）大孤山天后宫
排水螭龙

（c）瓦房店北五省会馆石栏板　　　　　（d）大孤山天后宫矮墙石雕

图 3-35　山东会馆其他部位的石作案例

二、木　作

　　山东会馆建筑中的木作雕饰多出现在各种木构件当中。主要是在柱头的雀替部分，一般采用透雕的手法雕有双龙，其颜色多是以青色和金色为主，十分精美（见图3-36）。此外，在各横梁、斗拱、额枋之上也有各种木作装饰，或是采用雕刻的手法装饰有各种人物、瑞兽等，或是采用彩绘手法绘制各色图案装饰等（见图3-37）。

（a）湘潭北五省会馆　　　　　　　　　（b）盛泽济东会馆

（c）大孤山天后宫正殿

（e）辽阳观音寺天王殿

（d）大孤山天后宫山门

（f）辽阳观音寺钟鼓楼

图 3-36　山东会馆柱头木雕案例

（a）大孤山天后宫正殿

（b）大孤山天后宫

（c）湘潭北五省会馆

（d）腾鳌三省会馆

（e）海城山东会馆

图 3-37　山东会馆横梁、斗拱、额枋等处木雕案例

三、彩　绘

彩绘在山东会馆建筑的各处都能够见到，因其比较容易操作而且有很强的适应性，但是也存在褪色、腐蚀等问题。现存的壁画彩绘等大多经过后期修复，完整保存下来的较为稀少。

大面积的彩绘多存在于各种壁画中，如丹东大孤山天后宫殿前的照壁，便是彩绘的大孤山的山水胜景；另瓦房店北五省会馆内存有三座屏风式壁画，经修复后，画面精美、内容丰富；辽阳山东会馆五观堂的廊心墙也绘制有大面积彩绘。

除却壁画之外，在很多匾额、对联及门扇上的也有各种书法及彩绘。首先是各式各样的匾额，其大多由兴建者或是历史人物所书写，如大孤山天后宫的"永庆安澜"匾便是清末左宗棠所书写①。各式匾额的书法字体或飘逸潇洒，或端庄典雅，不失为艺术珍品（见图3-38）。各殿宇门前有时会刻有各式楹联，如海城天后宫两联为"海齐一脉经商胜过陶朱富，辽鲁连根交谊长存管鲍风"，见图3-39（e）。

（a）瓦房店北五省会馆壁画

（b）大孤山天后宫壁画 （c）辽阳山东会馆壁画

图3-38　山东会馆壁画彩绘案例

---

① 孙晓天.辽宁地区妈祖文化调查研究[D].北京：中央民族大学，2011.

（a）大孤山天后宫匾额

（b）湘潭北五省会馆匾额　　　　　　　　（c）辽阳山东会馆匾额

（d）广东八旗奉直东会馆彩绘　　（e）海城山东会馆楹联　　　（f）大孤山天后宫门扇彩绘

图 3-39　山东会馆匾额、门扇、楹联等处彩绘及木雕案例

第四节　山东会馆的比较研究

一、南北之分

如前文所述，鲁商通过运河及海运至南北地区行商经营，并兴建了众多会馆，那么不同地域的山东会馆在空间布局、建筑形制、装饰细节等方面有什么差异呢？这将是本节重点研究的问题。

首先在布局上，北方会馆的建筑规模较大、占地宽广，两侧多为厢房或配殿等单体建筑。各殿宇的开间较宽，进深广，建筑布局较为松散。而南方地区的山东会馆则更多是一路多进式的布局，两侧以山墙同周边建筑相连，较少有厢房，面宽较窄，建筑布局比较紧凑（见图3-40）。

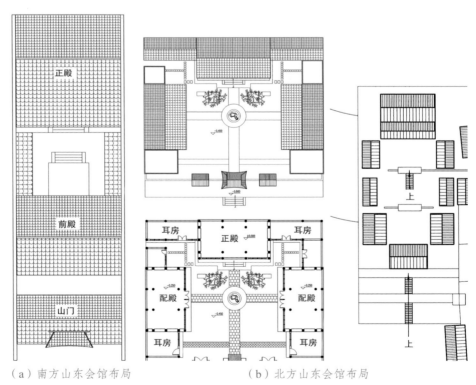

（a）南方山东会馆布局　　　　　　　（b）北方山东会馆布局

图 3-40　山东会馆南北布局差异

（左为盛泽济东会馆，中为通州山左会馆，右为大孤山天后官）

在山门样式上，南北之分就更加明显，受到地域因素影响的会馆因地制宜：南方会馆山门以牌楼式为主，高耸挺立，精美繁复；北方会馆则以殿宇式为主，水平舒展，开阔大气。此外，山墙样式南北也不同，南方山墙样式繁复，以弧形为多，而北方则一般没有封火山墙。

在建筑装饰上，南北方的山东会馆差异较大，建筑装饰多吸取本地建筑风格。如苏州东齐会馆便将苏式的砖雕彰显得淋漓尽致，装饰繁复，极为精美；而北方地区的建筑装饰多朴素淡雅，给人大气开阔之感。

二、中西之别

会馆在历史发展的不同阶段、不同地域呈现出不同的建筑样式，这在山东会馆建筑中表现得尤为明显。山东会馆兴建的主要时期是清末民国，而此时近代城市开埠、西方文化和建筑思潮的引入对会馆产生了重要的影响。前文所述皆是中式传统的建筑风格与布局，但是在山东会馆建筑中还存在很多西式风格的类型，其简洁明快的线条、严密的几何构图、典雅的柱式都与传统会馆有着巨大的差别。

而会馆表现出的"近代性"的原因一方面是鲁商观念从传统到现代的转变，在各地尤其是开埠城市经商的山东人在产品生产、企业管理以及日常生活中逐渐现代化，也比较容易接受西式的建筑风格。另一方面，西式风格的会馆建筑多出现在开埠城市，以天津、青岛、上海为代表，开埠城市拥有建设西式建筑的基础条件——租界众多而且商界与各国工程师也有交集，这在会馆兴建过程中发挥着一定作用。

西式风格会馆建筑与传统会馆建筑差异明显：在布局上，多以单体建筑为主，拥有开放的广场，更加开阔；在材料上，以石材为主，木材为辅；在造型上，多是简洁明快的线条、明确的几何型构图等（见图3-41）。

原山东会馆

山东会馆拆迁中　现山东会馆

（a）哈尔滨山东会馆（新旧会馆及会馆创立的医院）

（b）哈尔滨掖县会馆　（c）上海"山东会馆"　（d）青岛齐燕会馆

图 3-41　山东会馆西式风格案例

　　哈尔滨山东会馆在初建时为传统中式建筑，黄色琉璃瓦、朱漆门柱庄严挺拔，而在此后修复的山东会馆则为明显的西式建筑风格，其中由山东会馆建造的红十字会医院则是明显的三角山墙加柱式的造型。

　　1933年创办的天津山东会馆的建筑也已经脱离了传统中式的特点。根据史料记载，天津山东会馆是明显的西洋风格，建筑立面有高大的罗马柱，配合镂空雕花的天台以及简洁明快的线条，显得清新自然，别具一格。①

①　王静.20世纪初天津现代化进程中的山东商人[J].理论与现代化，2007（4）：117-121.

而上海的山东会馆，虽然已经被拆除，但是在历史图像资料的记载当中还是可以明显地看到其中西合璧的风格：西式典型的三角形山花配合中式传统的马头墙的造型。正中书写有"山东会馆"四个大字，字体稳健，气势磅礴。

青岛齐燕会馆的主体建筑是明显的西式风格，会馆的主入口设置有横向三跨的前柱廊，二层采用的是仿爱奥尼壁柱，顶部设置塔楼。

三、地形之差

地形对会馆建筑的布局及建造起着决定性的作用，丘陵山地与平原河谷，不同地形也会带来建筑的差异。

这种差异主要体现在会馆建筑的选址及整体布局当中，地处山地的会馆多是依山就势，层层排布着不同的院落，各殿宇的地坪会随着山势而分布在不同高差的台地上，部分建筑还会因为地形的限制，无法按照传统的中轴对称式进行布局。如瓦房店北五省会馆，因南侧有近5米的陡坎，而将主入口东置。而位于平原的会馆，因地势平坦，建筑排布更加方正，布局紧凑、秩序井然。

从建筑的竖向处理上也能够看到这种差异，平原内的会馆多是在建筑单体高度上体现等级的区别，但是在山地中的会馆，中轴线垂直于等高线布局，建筑高低错落分布在不同标高的台地之上。

第四章
山东会馆建筑
实例分析

　　山东会馆虽在历史文献中多有记载，但历经百年，现存的会馆屈指可数。根据前文所述，运河与海运是鲁商文化传播的主要途径，也是影响山东会馆的重要因素。笔者通过实地调研，并按照运河沿线、海运沿线及其他地区的分类选取典型案例进行实例解析（见表4-1）。

表 4-1　选取的山东会馆建筑实例

地区	建筑名称	位置	文保级别
运河沿线的山东会馆	北京通州山东会馆	通州区玉带河东街 358 号	区级
	江苏盛泽济东会馆	苏州吴江盛泽镇斜桥街	区级
	江苏苏州东齐会馆	苏州山塘街 552 号	市级
海运沿线的山东会馆	辽宁丹东大孤山天后宫	丹东市东港市孤山镇	国家级
	辽宁海城山东会馆	海城市内西关益民街	—
	辽宁鞍山三省会馆	海城市腾鳌镇	县级
	辽宁辽阳山东会馆	辽阳市中华大街东段	市级
其他地区的山东会馆	湖南湘潭北五省会馆	湘潭市雨湖公园平政路	国家级
	陕西瓦房店北五省会馆	紫阳县向阳镇瓦房店	国家级
	山东青岛齐燕会馆	青岛市市北区馆陶路 13 号	省级

　　运河沿线的会馆选址多临街面河，布局对称严谨，祭祀性、装饰性较强。海运沿线的会馆布局则依山就势，以天后宫为代表。其他地区的会馆则各有差异，或带有明显的西式风格，或融合南北特征，或因地制宜等，各有特色。

第一节　运河沿线的山东会馆

一、北京通州山东会馆（三义庙）

（一）历史沿革与地理区位

通州是运河北端的转运重镇，处于通惠河和北运河的分界点，也是鲁商通运河前往京师的必经之地（见图4-1）。古有"一京二卫三通州"的说法，便利的水运使得通州成为南北客商往来贸易的重要城镇，山东商人也不例外。在此地谋生的山东同乡，重修了新城南关的三义庙，改建为山东会馆[①]。

图 4-1　通州城区位图
（底图为光绪《清代京杭运河全图》）[②]

山东会馆位于通州区玉带河东街358号内的一处大院内部。现大院外部高楼林立，而被包围的山左会馆，古香古色，别具韵味。明万历年间建立的三义庙后因地震等原因而被毁坏，康熙年间，旅京的山东同乡人士出资进行重修，并以庙为址用作会馆，民国时其曾作为国民党官兵驻扎的场

---

① 白继增，白杰. 北京会馆基础信息研究[M]. 北京：中国商业出版社，2014.

② 底图来源于通州区图书馆"北运通州"专题，据考证该图系清朝官员于光绪初年实
　　地绘制的运河形势图。

所，中华人民共和国成立后为粮食加工厂所有，2001年被列为通州区文物保护单位。

（二）建筑布局与功能

会馆坐南朝北，不同于中式传统建筑坐北朝南的布局方式。这首先是受到河流位置的影响。明清时期的通州城在南门外有一条护城河（见图4-2），在今天玉带河大街的位置。玉带河是运输漕粮的主要通道，因此会馆设在运河南岸，可以避免与码头冲突。其次是与风水相关，五行中商属金，南方属火，火克金，对于商人来说出门遇火不利，而北方属水，坐南朝北的建筑布局方式可以很好地解决这个问题。

图 4-2　通州山东会馆区位图

建筑整体砌于台基之上，山门前设台阶五步，两侧垂带采用条石砌筑，拾级而上便是会馆山门。建筑是北方合院式布局，中轴对称，目前仅存一进院落（见图4-3）。中轴线上分布着无梁山门和会馆的正殿，两侧为厢房，各带耳房（见图4-4）。建筑的整体规模较小，但是布局规整、井然有序。大殿内原本香火鼎盛，设置有刘关张三义的神像，现已不存。

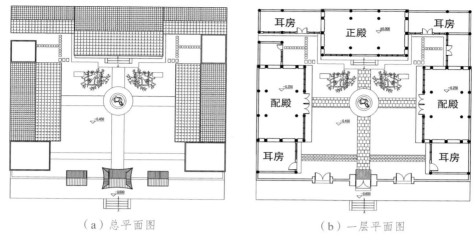

（a）总平面图 　　　　　　　　　（b）一层平面图

图4-3　通州山东会馆平面图

山门　　耳房　　　配殿　　　　　　　正殿

图4-4　通州山东会馆中轴剖面图

（三）主要建筑的形制与结构

1. 无梁山门

建筑有山门一座，东西角门各一座，与台阶基座一起呈对称式构图（见图4-5）。山门是该建筑的一大特色，整体采用的是砖石砌筑的拱券结构，无梁。山门外侧采用大块石材发券，内部则用灰砖砌筑。屋顶为灰瓦砌筑歇山顶，砖雕仿木结构，造型简洁大方。门头嵌有砖雕匾额，上书"古刹三义庙"五个大字（见图4-6）。两侧的角门高度均矮于山门，为硬山筒瓦清水脊。

（a）　　　　　　（b）

图 4-5　会馆山门与两侧角门　　　　图 4-6　山门内部拱券与砖雕匾额

2. 配　殿

进入山门后正对面是一块奇石（见图4-7），两侧各有一棵百年古树，如今仍然枝繁叶茂，郁郁葱葱。再往两侧则是两座配殿，面阔三间，进深一间，现在作为文物储藏室和门卫室使用（见图4-8）。建筑屋顶为硬山合瓦过垄脊，清水砖砌筑，整体造型简约朴素。

图 4-7　院内奇石　　　　　　　　图 4-8　西配殿

3. 正　殿

正殿位于中轴线末端，面阔三间，砌于台基之上。庭院有砖墁甬路通向大殿，殿前有三级台阶，垂带踏跺（见图4-9）。正殿的建筑规格整体高于东西配殿，屋顶为硬山筒瓦调大脊，大式做法，而配殿为合瓦过垄脊（见图4-10）。正殿室内有前后廊，各五架梁，彻上露明造。

（a） （b）

图 4-9　会馆正殿　　　　　　　图 4-10　配殿与正殿屋脊做法对比

（四）建筑装饰

建筑整体风格较为朴素，装饰性设计较少。主要的装饰是在山门与两侧角门上的仿木构砖雕（见图4-11）。其他的装饰性设计则主要是在庭院内。庭院内设计了以奇石为中心的庭院景观，分别设置砖墁甬路通往正殿与东西配殿（见图4-12）。

（a） （b）

图 4-11　山门的仿木构砖雕

（a） （b）

图 4-12　庭院内的奇石与砖墁甬路

其次是设置在正殿前的两颗古树，东柏西楸，枝繁叶茂。树旁分别设有一座石碑，上刻碑记（如图4-13）。西侧为《重修三义庙碑记》，方形底座，额头雕刻为螭龙形状，上书"万古流芳"四个大字。碑身上雕刻有菊花等装饰。东侧为《三义庙创立义园碑记》，额头阳面刻有"永垂不朽"，阴面刻有"山左仝立"的字样，碑身上有灵芝、祥云等浮雕图案。

北京通州三义庙是运河北端保存最为完好的山东会馆，如今虽丧失了会馆功能，但是对于山东会馆的研究而言却是难得的建筑遗存。会馆内的碑刻、古树像是一位老者，诉说着旅通山东同乡的种种往事。

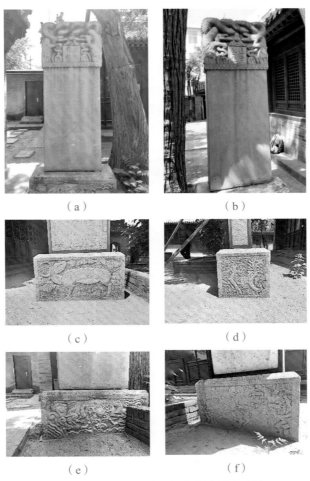

（a）　　　　　　　　　　　（b）

（c）　　　　　　　　　　　（d）

（e）　　　　　　　　　　　（f）

图4-13　会馆内的碑记与多样的基座图案

二、江苏盛泽济东会馆

（一）历史沿革与地理区位

盛泽位于京杭大运河的江南运河段，是鲁商经运河南下经商的重要节点（见图4-14）。盛泽因丝绸而名扬天下，素有"日出万绸，衣被天下"的美誉，为四大绸都之一[①]，这里汇集了南来北往的丝绸商人，其中就包括济宁和济南的商人。

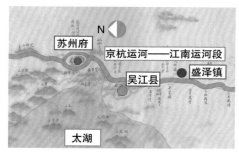

图 4-14　京杭运河上的盛泽镇

（底图为光绪《清代京杭运河全图》）

清中期，在盛泽的各地商人纷纷建立会馆，到民国时期，盛泽有八大会馆，而这八座会馆中有两座为山东商人所建，鲁商在此的影响力可见一斑。这两座分别是济宁商人所建造的济宁会馆（又名任城会馆）和本案例中的济东会馆。济宁会馆在20世纪被拆除，现已不存，实为遗憾。

济东会馆位于斜桥街，门口便是斜桥河，往来水运通行十分便利（见图4-15）。会馆在清嘉庆年间由济南府丝绸商集资修建，清末时房屋破败，于民国十三年（1924年）重修，因此时济宁会馆已经废弃，于是在济东会馆内供奉金龙四大王神位[②]。中华人民共和国成立后，济东会馆曾经作为盛泽中学的校舍，1986年被列为吴江市文物保护单位，现在被开发建设为镇图书室。

---

① 龚一平. 神州一绝：盛泽丝绸[J]. 江苏纺织，1995（5）：36.

② 沈莹宝. 绸都的八所会馆（上）[N]. 吴江日报，2017-03-10.

图 4-15 盛泽济东会馆

（二）建筑布局与功能

济东会馆现存建筑为民国时重修，一路三进，坐北朝南，大门临街面水，人员往来及货物运输十分方便。建筑整体是由山门、前殿、正殿三组建筑组成的狭长形的中轴对称式布局，建筑均面阔三间，格局十分规整（见图4-16、图4-17）。

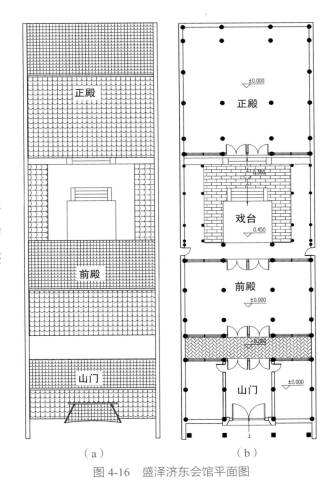

（a）　　　　　（b）

图 4-16　盛泽济东会馆平面图

　　会馆的山门与前殿之间形成了一个狭小的院落，进深约1.8米，以供前殿采光之用。庭院内部采用长条砖斜纹铺地，内部散乱放置一些石狮子及部分断裂的碑记，上面的碑文经过风吹日晒，难以辨认（见图4-18）。

　　穿越前殿，进入第二进院落，院内原本建有一座戏台，现已不存，仅留戏楼的台基（见图4-19）。院落东西两侧有回廊，在靠近前缘的侧墙上各开有一门，均有门额，东边上刻有"瀛洲"，西侧门上刻有"阆苑"（见图4-20）。从门的形制可以看出，侧门为园林的景观门，也由此可以推测，济东会馆的东西两侧应该设置有配套建筑及园林景观等。

图 4-17　济东会馆

（a）　　　　　　　　　（b）

图 4-18　会馆前院

图 4-19　戏楼台基

东侧门：门额上刻"瀛洲"　　西侧门：门额上刻"阆苑"

（a）　　　　　　　　　（b）

图 4-20　东"瀛洲"与西"阆苑"

（三）主要建筑的形制与结构

济东会馆沿轴线分布着山门、前殿、戏台与正殿等建筑，布局严谨，秩序井然（见图4-21）。

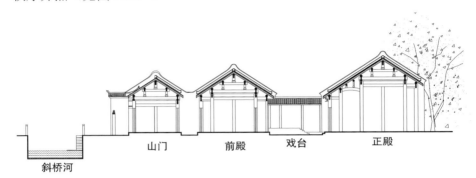

图 4-21　盛泽济东会馆中轴剖面图

1. 山　门

济东会馆山门为三开间硬山顶式的建筑。正中开间为砖石砌筑的门楼，高于主体建筑设置单面屋顶，底部为清水砖柱，门上方有砖刻的"济东会馆"四个大字，旁边镂空雕刻花纹图案等（见图4-22、图4-23）。两侧对外的开间不设门窗，保证了会馆的私密性。再两侧为弧形山墙，弧度较缓，山墙突出门楼约1米，门前形成了一个"凹"形的停留空间。门前设有4根方形石柱，每根石柱上都蹲着一只活灵活现的石狮。

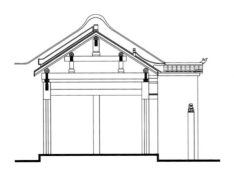

图 4-22　山门剖面示意图

（a）　　　　　　　（b）

图 4-23　山门内部屋架及门楼正面

2. 前 殿

前殿同样是三开间硬山顶，前后廊式。南北两侧均排列有雕花落地门扇。建筑结构为抬梁式，彻上明造（见图4-24、图4-25）。现在改造为图书阅览室，给这座古建筑增添一抹书卷香。北侧外廊连通东西侧门，并有两侧回廊通往正殿。

（a） （b）

图 4-24 从后院看向前殿　　　　图 4-25 雕花门扇及前殿内部梁架

3. 正 殿

正殿位于中轴线末端，为整座建筑序列的高潮部分。正殿面阔三间，整体建筑于台基之上，正中开间有三步台阶。门前四根朱漆石柱，柱头雀替处镂空雕刻有祥云、龙凤、仙鹤等图案，颇为精美。正中开间排列有六扇雕花长窗，两侧开间各四扇（见图4-26）。正殿原为祭祀金龙四大王的场所，现如今被改建为藏书室。

图 4-26 济东会馆正殿

（四）建筑装饰

济东会馆的建筑装饰相较于通州三义庙而言较为精美，装饰主要集中在山门和正殿处。山门前四根方柱上的石狮子，惟妙惟肖。门楼处有砖石雕刻的祥云图案和人物故事等。正殿梁枋、柱头、前檐斗拱均有雕花，游龙飞凤、仙鹤驾云等栩栩如生。在后院西墙内嵌一块《重修济东会馆碑记》，上书会馆兴建的事宜（见图4-27）。

（a）山门砖雕　　　　　　　（b）方柱石狮

（c）正殿斗拱间雕花

（d）山墙龙纹装饰　　　（e）门扇雕花　　　（f）会馆碑记

图4-27　盛泽济东会馆装饰及细部

三、江苏苏州东齐会馆

（一）历史沿革与地理区位

除济东会馆外，苏州还现存一座鲁商建立的会馆——东齐会馆。顺治年间，由山东青莱登三府的旅苏商人集资兴建，因三府均位于山东东部，因此名为"东齐会馆"。会馆位于苏州阊门外山塘街552号，同济东会馆一样临街面河，大门正对山塘河（见图4-28、图4-29）。

图 4-28　东齐会馆位置图

图 4-29　会馆门墙及门前山塘河

会馆曾于乾隆年间重修，规模更胜从前，遗憾的是在太平天国运动中大多数殿宇毁于战火，会馆残破不堪，而后日渐式微。中华人民共和国成立后，馆舍被作为棉厂和缝纫机厂的用地，建筑风貌和格局被破坏，渐失其本来面目。如今仅存的山东会馆门墙是在山塘街整体改造规划时，聘请香山帮古建公司修复而成（见图4-30）[①]。

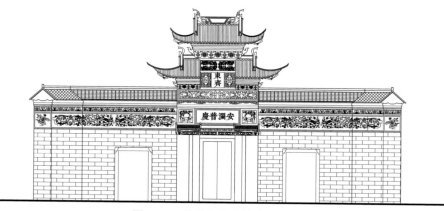

图 4-30　苏州东齐会馆立面示意图

（二）建筑布局与功能

由于仅存山墙，建筑整体的布局已不得详识，不过从历史记载中可以窥知一二。苏州碑刻博物馆现存的《东齐会馆碑记》中记载"金碧晃耀，轮奂晶莹"，可知原本东齐会馆建筑之精美。建筑整体为中轴布局，沿轴线依次是门楼、门厅、轿厅、大殿、戏台等。边路还建有关帝殿和其他的附属用房。后花园内是一处江南园林，亭台水榭，叠石成山、理水成溪，水石相映成趣。

会馆门墙整体采用砖石砌筑，高大雄伟，装饰华丽。正面开四门，其

---

① 沈庆年.古城遗珠：苏州控保建筑探幽（续）[M].苏州：苏州大学出版社，2013.

中东侧有一门应为后期开设。正门高约3.8米，两侧是巨大的石柱门框。门头高出两侧八字墙，整体高约10米。从现存的山墙可以看出山东会馆建筑之精美，其大殿、关帝殿等理应不遑多让，殿宇现无遗存，实属遗憾（见图4-31）。

图 4-31　山东会馆重修后

（三）建筑装饰

山东会馆门墙的砖雕装饰华丽精美。门楼顶部是砖雕牌楼造型，砖仿木构斗拱，飞檐翘角（见图4-32）。门楼上部有两块匾额，上为竖排的"东齐"字样，下为横排的"安澜普庆"字样，旁侧透雕有丰富的花卉纹样和人物故事（见图4-33）。头门两侧上方盖青瓦，瓦檐下分布着砖雕斗拱，再往下雕刻有骏马、人物等。八字墙两侧形成环抱之势，上部刻有牡丹、梅、兰、菊等花卉，栩栩如生（见图4-34）。

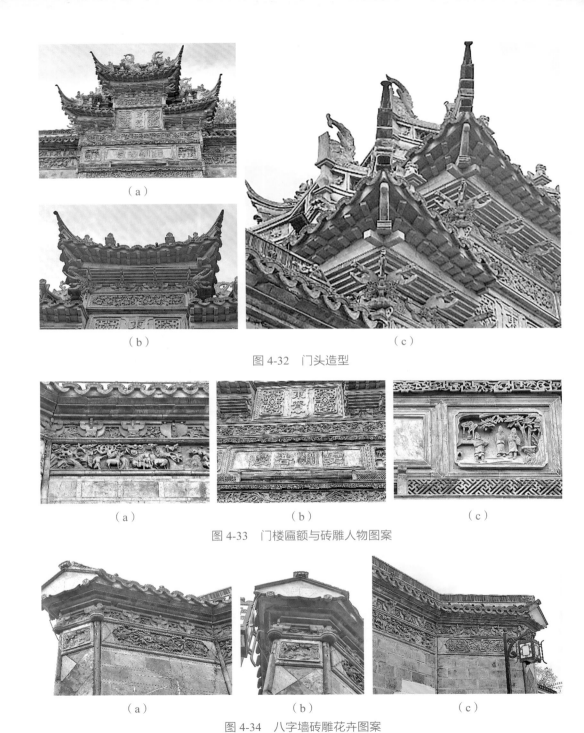

（a）

（b）

（c）

图 4-32　门头造型

（a）

（b）

（c）

图 4-33　门楼匾额与砖雕人物图案

（a）

（b）

（c）

图 4-34　八字墙砖雕花卉图案

第二节　海运沿线的山东会馆

　　海运沿线分布的山东会馆建设者多为东部沿海商人，以青莱登三府为最，而海运北上南下最集中的地区便是辽东半岛。如前文所述，辽东半岛与山东隔海相望，商船往来频繁密集，尤其闯关东时期，海运至辽东的路线成为主要移民路线。山东商人到达辽宁之后通过辽河、太子河、海城河、大凌河等水运以及中东铁路等陆运方式深入关东内地，在各地兴建会馆、同乡会等组织。

　　营口、金州、丹东大孤山、盖州等都是山东商人经海运抵达的重要城市，这些城市保留了很多山东会馆的痕迹。目前辽宁地区各地的山东会馆所存不多，仅有4座（见图4-35），现分述之。

图 4-35　辽宁地区山东会馆分布图

一、辽宁丹东大孤山天后宫

（一）历史沿革与地理区位

丹东大孤山天后宫始建于清乾隆八年（1743年），光绪六年（1880年）曾被大火烧毁，后重建。根据记载，大孤山曾经作为当时丹东东沟县的山东会馆的馆址，用于议事。山东人与大孤山的交流由来已久，唐朝官员前往渤海国多选择从山东登州出发，沿海运穿渤海，经孤山港，沿鸭绿江抵达渤海的京都（今黑龙江宁安）[①]。此后，这条航线便成为鲁商往来贸易经商的通道。大孤山脚下的孤山镇，古称洋口，紧邻大洋河入海口（见图4-36），其凭借沿江、沿边、沿海的地理优势成为南北客商往来的中转站。

除天后宫外，大孤山现存道教、佛教及儒家等建筑约45座，由此笔者推测往来孤山的山东海商促进了妈祖文化的传播，使之成为当地文化的重要组成部分，与其他文化一起影响着该地的建筑风格。因此作为妈祖文化主要传播者的山东海商将会馆选址在天后宫也就成了水到渠成的事情（见图4-37）。

图 4-36 天后宫区位图

图 4-37 大孤山古建筑群

---

① 董亚杰. 丹东大孤山古建筑群建筑装饰艺术研究[D]. 沈阳：沈阳建筑大学，2019.

（二）建筑布局与功能

大孤山顺应山势建有数量庞大的古建筑群，按组团可以分为上庙古建筑群、下庙古建筑群和戏楼，天后宫则位于下庙古建筑群中（见图4-38）。建筑群整体形似繁体"寿"字，蕴含美好的寓意[①]。

图 4-38　古建筑群布局

1. 古建筑群布局

建筑群建于大孤山南麓，坐北面南，依山就势，形成层层递进的格局。

上庙古建筑群布局独特，有别于传统的中轴对称式空间布局，上庙古建筑群12座单体建筑背靠山体几乎在同一海拔，水平展开呈"一字型"（见图4-39）。建筑群中央有一棵千年银杏树，郁郁葱葱。上庙古建筑群中建筑多为硬山顶，雕梁画栋，气势恢宏。

下庙古建筑群则为传统中轴对称的院落式布局，顺应山势，形成层层递进的台地式院落。下庙古建筑群为多教融合的建筑，自下而上排布有地藏寺、天后宫、文昌殿、财神殿、关帝殿等（见图4-40）。其中用作山东会馆的天后宫则相对独立，有完整的中轴院落式布局。

---

① 董亚杰．丹东大孤山古建筑群建筑装饰艺术研究[D]．沈阳：沈阳建筑大学，2019．

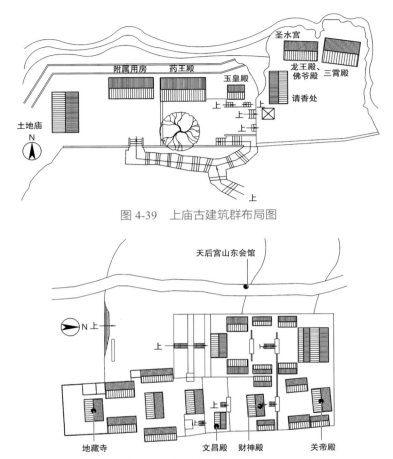

图 4-39　上庙古建筑群布局图

图 4-40　下庙古建筑群布局图

2.天后宫建筑布局

　　天后宫建筑群坐北朝南，门前有一开阔的广场，正对山门设立一座照壁，上绘有孤山胜景。建筑整体为三进院落，依山就势形成三级台地，每进院落之间均有垂花门或石制院门、矮墙进行空间分隔。沿中轴线南北分布有前殿与正殿两座主要建筑，前殿即为山门，正殿则供奉有海神天妃娘娘。每进院落两侧均有配殿作厢房使用，在清末时曾经作为会馆的议事厅，其中第一进院落东西两侧设置钟鼓楼，与门前两侧的旗杆遥相呼应（见图4-41）。

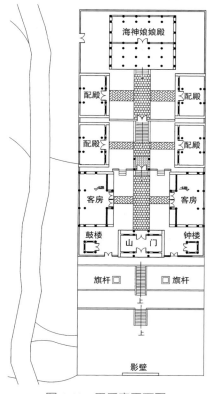

图 4-41　天后宫平面图

天后宫山门前设有33级台阶，拾级而上，便是三开间的殿宇式山门，殿前有"天后宫"字样的竖排匾额①。两侧开有侧门，内设钟鼓楼，第一进院落为会客空间，两侧厢房为会客厅现在改为文物展陈室。一、二进院落之间有一座砖木砌筑的垂花门，配以两侧矮墙，划分前后院落空间。二进院落两侧厢房作会馆议事之用。二、三进院落之间有一砖石门楼，设有18级台阶。拱形院门两侧砌有镂空花墙。第三进院落为海神娘娘殿，两侧为偏殿。

---

① 孙晓天. 辽宁地区妈祖文化调查研究[D]. 北京：中央民族大学，2011.

（三）主要建筑的形制与结构

天后宫建筑群建筑类型丰富，单体建筑多为硬山顶木构。建筑材料多是北方传统的青砖灰瓦，整体色调朴素典雅①。沿轴线自南而北，依形就势分布着三进院落，建筑错落有致（见图4-42）。屋顶形式以硬山为多，钟鼓楼为重檐收山歇山顶，海神娘娘殿则为"一卷一硬山"式勾连搭屋顶。

影壁　　　　　　　　　　　山门　　客房　　　　配殿　　　　　　配殿　　海神娘娘殿

图 4-42　大孤山天后宫中轴剖面图

1．前　殿

天后宫前殿（即山门）与南侧照壁遥相呼应，中间广场成为东侧地藏寺与天后宫的共用广场。殿前33级台阶分成两层台地，东侧立有碑林，左右各一座旗杆，高耸入云。

前殿形制为三开间硬山顶建筑，七檩小式木结构。旁开侧门，内设钟鼓楼，水平舒展开阔。正中开间上悬"天后宫"字样的竖排匾额，两侧开间开有圆形镂花窗。屋顶正脊中间装饰有葫芦宝顶寓意"福禄"，两侧有护佑人物雕刻。在山门内部立有两尊神像，东为"千里眼"，西为"顺风耳"。神像背后的墙壁上绘有天妃生平事迹图，形象生动。天后宫正立面和山门剖面图如图4-43、图4-44。

---

① 玉玺．大孤山古庙建筑群[J]．辽宁大学学报（哲学社会科学版），1981（1）：97-98．

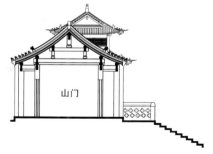

图 4-43　天后宫正立面　　　　　图 4-44　天后宫山门剖面图

2．钟鼓楼

山门两侧建有钟鼓二楼，东钟西鼓。二者均为重檐收山歇山顶，木结构楼阁式建筑。楼高13.3米，分两层，第一层是砖石砌筑的内墙，第二层为木制的障日板壁，外侧立有4根朱漆木柱，柱头雀替为变形螭龙造形。钟鼓楼及其细部如图4-45。

（a）　　　　　　　　　　（b）　　　　　　　　　　（c）

图 4-45　钟鼓楼及其细部

3．配　殿

天后宫三进院落，每进院落两侧都设有厢房或配殿（见图4-46、图4-47）。三组配房依山就势，在立面上形成三层台地式的分布。配殿建筑型制均为三开间硬山顶，灰瓦筒瓦屋面，北方青砖砌筑建筑主体。

图 4-46　第一进院落配殿

图 4-47　第二进院落配殿

4. 院　门

除山门外，天后宫每进院落之间都建有院门，造型精美，独具匠心，也值得一提。第一进院落为垂花门造型（如图4-48），4根朱漆立柱支撑起造型精美的硬山式屋顶，院门上有天妃形象的木雕彩绘，两侧对称砌筑有砖石矮墙，雕刻有花卉动物等图案，再两侧为拱形门洞，旁侧用灰瓦砌筑镂空花墙。

（a）北立面

（b）南立面

图 4-48　院门一：垂花门立面

穿过垂花门，便是天后宫的二进院，因院中植有数十株牡丹，又被称作牡丹庭。第二进院门则为砖石砌筑（见图4-49），门前有石阶18级，正中石拱门上书"天后宫"3个红色大字，背面书"慈恩浩荡"以感念天妃之恩，旁侧则以青砖砌筑十字镂空花墙。

（a）北立面　　　　　　　　　　　　　　　　（b）南立面

图 4-49　院门二：砖石门楼立面

5. 正　殿

天后宫正殿又称海神娘娘殿，坐落在最后一进院落也是地势最高的第三级台地。主体建筑为"一卷一硬山"式的勾连搭建筑，主要由硬山五楹正殿与殿前的卷棚抱厦组成（见图4-50、图4-51）。抱厦作为正殿前的卷棚玄廊，扩展了正殿的进深空间，营造出深邃幽密的空间氛围。玄廊卷棚屋顶下支撑有12根黑漆立柱，在上方横梁处悬有8块精美的匾额，前五后三，据研究天后宫曾有匾额80多块，在动荡时期被破坏拆毁，如今所剩不多[①]。卷棚檐下斗拱、柱头雀替以及横梁额枋等处均雕刻有精美的图案，游龙戏凤、花卉植物、神话传说、人物故事应有尽有。

图 4-50　正殿正立面

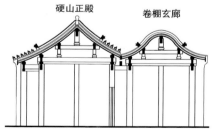

硬山正殿　　　卷棚玄廊

图 4-51　正殿剖面图

① 孙晓天. 辽宁地区妈祖文化调查研究[D]. 北京：中央民族大学，2011.

卷棚玄廊后便为硬山正殿，内部立有慈眉善目的海神娘娘神像1座，旁有4位侍女塑像。此外，殿内还悬挂多艘木制的帆船，据说当年海商外出行船之时会来此占卜吉凶，帆船没有摇晃或渗水则寓意着风平浪静。此外，殿内还有描绘海神娘娘传说的各种壁画。

（四）建筑装饰

天后宫建筑装饰精美，主要体现在三雕和壁画。木雕，主要是在斗拱、额枋、梁架、雀替、门窗等部位，很多位置采用透雕的手法雕刻成龙头、祥云等形状。砖雕，则多出现在墀头、矮墙以及廊心墙等位置，雕刻手法多样，有浮雕、线雕等手法。石雕在天后宫出现较少，多用在石栏杆、柱础、基座等位置。三雕装饰在天后宫随处可见，其构图手法多以对称式中心构图为主，也有边角式等其他的构图方式。

天后宫壁画彩绘精美绝伦，题材大多与宗教相关，在照壁绘有大孤山胜景，在山门及正殿的壁画中绘有天妃的生平事迹图。此外，匾额也是天后宫的一大特色，正殿前玄廊下方悬挂有8块精美匾额（如图4-52）。

（a）精彩绝伦的木雕

（b）种类丰富的砖雕

（c）多式多样的匾额

（d）正脊葫芦宝顶及垂脊雕饰

图4-52　大孤山天后宫建筑装饰及细节

二、辽宁海城山东会馆

（一）历史沿革与地理区位

海城内有五大会馆，其中3座为山东商人建造或参与，分别为城内的山东会馆、牛庄冀兖青扬会馆、腾鳌三省会馆。其中城内的山东会馆即海城天后宫，乾隆元年（1736年）由山东黄县商人所建，原会馆位于三学寺西南（见图4-53），现会馆位于山西会馆东侧，复建为海城市博物馆。

据记载，山东会馆有正殿面阔5间，戏楼3间，耳房2间，今均已不存，仅有部分历史图像资料（见图4-54）。

海城河是太子河的支流，是鲁商通海抵达营口后溯河而上的主要通道，因此该河沿岸会馆云集，位于三岔河口的牛庄北会馆、山东会馆、山西会馆等均建于此。

<table>
<tr><td>图 4-53　海城山东会馆区位</td><td>图 4-54　原山东会馆（天后宫）戏台</td></tr>
</table>

（二）建筑布局与功能

复建的山东会馆布局周正，属于典型的北方建筑风格，其中北侧九间房则是按原来天后宫的建筑型制复建（见图4-55）。

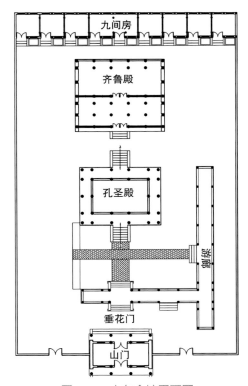

图 4-55　山东会馆平面图

　　会馆有三进院落呈现中轴对称式布局，沿轴线分布着山门、垂花门、孔圣殿、齐鲁殿以及九间房等主要建筑。会馆西侧则为山西会馆关帝庙。目前，会馆的主要功能为展览陈列及办公。山门与垂花门构成了会馆的礼仪空间；孔圣殿内供奉有孔子圣像，齐鲁殿内陈存有"闯关东"的相关史料，在齐鲁殿后有九间房用于办公与休息。

（三）主要建筑的形制与结构

　　原天后宫内有正殿、地楼、戏台、耳房等建筑。现复建的山东会馆则采用的是"齐鲁京韵"官式建筑做法，与原天后宫建筑有所出入（见图4-56）。

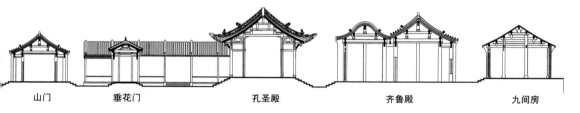

|山门|垂花门|孔圣殿|齐鲁殿|九间房|

图 4-56　海城山东会馆剖面图

　　山门为硬山顶建筑，面阔三间，院内正对有一座垂花门连接两侧的游廊。孔圣殿为收山歇山顶，面阔三间，副阶周匝，通透开阔。齐鲁殿面阔五间，与孔圣殿相对而立，建筑为"一硬山一卷棚"的勾连搭屋顶。各单体建筑见图4-57。

（a）山门

（b）文圣殿

（c）齐鲁殿

图 4-57　海城山东会馆各单体建筑

（四）建筑装饰

　　会馆装饰主要集中在雕刻与彩绘，但因建筑为复建，其装饰造型及技术较为粗糙（见图4-58）。整体色调较为素雅，显示出鲁商的"儒商"特

（a）垂花门　　　　　　　　　　（b）游廊　　　　　（c）碑刻

图 4-58　海城山东会馆装饰及细节

点。会馆内保存有两块碑刻，上边阴刻着"山东同乡会馆"6个大字，碑为
1932年重修山东会馆时所立，碑文内容主要为山东商人重修会馆的经过以
及在海的山东商人的发展历程。

三、辽宁海城三省会馆

（一）历史沿革与地理区位

海城是山东会馆分布较多的城市，除市内的会馆外，在海城河、太子
河交汇处的牛庄有一座北会馆，是由山东青州、兖州商人同他省商人建立
的，又名"冀兖扬青会馆"，现已不存；另一座则为腾鳌三省会馆，现为
民居（见图4-59）。图4-60为会馆鸟瞰图。

图 4-59　三省会馆区位

图 4-60　会馆鸟瞰

腾鳌镇交通便捷，商贾云集。据记载，乾隆年间，鲁商与山西、直隶
商人合建了这座三省会馆，又称三会公所，用作各商帮议事会谈的场所，
后经光绪十九年（1893年）及光绪二十年（1894年）两次扩建，建筑规模
达到20余间。县志中曾记载，该会馆"绅商辐辏，冠盖纷纭"[1]。

---

[1]　高飞，刘晨曦. 清代商会会馆建筑形制初探：以鞍山腾鳌镇清三省会馆为例[J]. 智
　　能城市，2016，2（8）：34.

（二）建筑布局及现状

该会馆目前的保护状态不容乐观，目前仅剩下一组院落（见图4-61），东侧偏殿屋顶完全坍塌，无人修葺。根据现场调查及对当地人的访谈，可以推测出目前现存的院落应为最后一进正殿前的院落，南侧的前殿前应该还有一处院落、倒座及山门。目前南侧的前殿内部东西墙有刻有碑文的影壁，该空间应为会馆议事及会客所用。

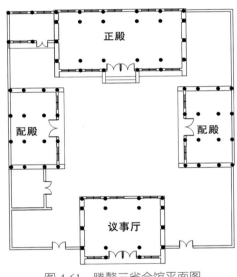

图 4-61　腾鳌三省会馆平面图

（三）单体建筑

根据现场调研，除却北侧正殿作为居民主要起居空间，西侧偏殿作为仓库外，南侧前殿及东侧偏殿均已坍塌破败（见图4-62）。建筑均为硬山顶青砖砌筑，整体朴素淡雅，但是当地居民自己分割空间，砌筑红砖烟囱等，破坏了会馆的建筑风貌。目前相关部门仍在做沟通保护事宜，或许会对其进行异地复建。

（a）前殿（议事厅）

（b）正殿

（c）西侧殿

（d）东侧殿

图 4-62　腾鳌三省会馆各单体建筑现状

四、辽宁辽阳山东会馆（观音寺）

（一）历史沿革与地理区位

辽阳也是鲁商经海运抵达营口，溯太子河而上所经过的重要城镇。山东商人在此曾经重修辽阳观音寺用作会馆，目前仍为佛教寺院，为市级保护单位。

观音禅寺坐落在太子河边一座高约30米的土山之上，坐南朝北。此地原为明代存放金银的"御库"，因此又被称为"金银库"。康熙年间创建观音寺，后经过多次修葺，清末民初为鲁商所用，改为经商山东会馆（见图4-63、图4-64）。

图 4-63　辽阳观音寺区位　　　　　　图 4-64　辽阳观音寺

（二）建筑布局与功能

　　建筑坐南面北，依地势形成层层抬高的院落格局。整体布局紧凑，石牌坊、法王殿与圆通宝殿等主要建筑沿中轴对称分局，而三霄殿、地藏殿与护法堂则顺土山地势环绕其间。前后形成两进院落，第一进两侧为功能性的配殿，顺地势正对法王殿，第二进院落为主院落，圆通宝殿两侧配有客堂、五观堂以及钟鼓楼等建筑（见图4-65）。

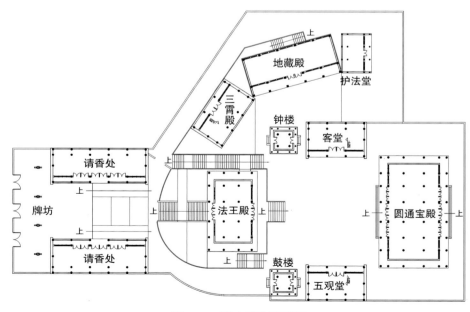

图 4-65　观音禅寺平面图

（三）主要建筑的形制与结构

建筑整体为清代风格，除圆通宝殿为重檐歇山顶外，其余配殿均为硬山顶，造型美观，挺拔秀丽，蔚为壮观（见图4-66）。

图 4-66　辽阳观音寺剖面图

1. 石牌坊

石牌坊于1992年迁建，三门四柱，石仿木构，建筑高约8米，挺拔通透。牌坊北侧匾额有"观音禅寺"4个烫金大字，南侧匾额字样为"关东古刹"[①]。穿过牌坊有坡道及台阶通向天王殿，两侧则为硬山顶偏殿，面阔五间，外廊式的平面布局有利于实现接待、储存等辅助功能（见图4-67）。

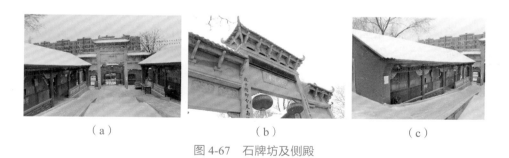

（a）　　　　　　　　　（b）　　　　　　　　　（c）

图 4-67　石牌坊及侧殿

2. 法王殿

法王殿位于土山的山腰位置，坐南面北，但是殿内的弥勒菩萨神像则

[①]　王建学，王申，邓濯，等. 辽宁寺庙塔窟[M]. 沈阳：辽宁美术出版社，2002.

是面南，需从正门绕殿一周进行祭拜。该殿也是后期修复时所建，屋顶为收山歇山顶，面阔三间，三面外廊。正立面的6根黑漆立柱支撑起屋顶，黑金配色匾额及柱头雀替、斗拱的装饰显得庄严肃穆。加之处于台地之上，让人心生敬畏（见图4-68）。

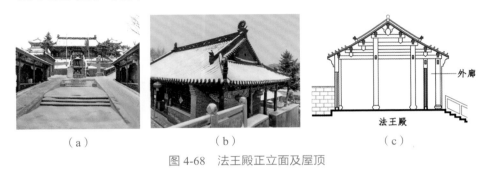

（a）　　　　　　　　（b）　　　　　　　　（c）

图4-68　法王殿正立面及屋顶

3. 圆通宝殿

圆通宝殿为会馆的中心建筑，也是中轴序列最高潮的建筑（见图4-69）。重檐歇山，面阔五楹，副阶周匝。殿内供奉有两座神像，面北一侧是南海观音神像，面南一侧则是释迦牟尼神像，实属罕见。北侧当中开间悬有3块匾额，分别为"南海慈航""妙法圆通""慈云慧雨"。南北侧殿身的雕柱上各挂有两幅楹联，黑底烫金书写，肃穆典雅。殿前有一座宝鼎，香火鼎盛，东西两侧分别为客堂与五观堂，用以接待会客、饮食宴会（见图4-70）。

（a）　　　　　　　　　　　　　　（b）

图4-69　圆通宝殿

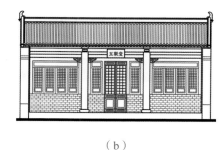

（a）　　　　　　　　　　　　　　　　　（b）

图 4-70　客堂及五观堂

4. 三霄殿、地藏殿及护法堂

主轴线序列之外的三霄殿、地藏殿及护法堂（见图4-71）则围绕在山体东侧。其中三霄殿在半山腰的台地之上，砖石结构为主。山墙面开有一外廊，上悬三霄殿的匾额。地藏殿则是三层高度的建筑，有一石质台阶可以抵达二层的入口。护法堂则在最内的角落，为硬山顶，小巧精致。

（a）三霄殿　　　　　　　　（b）地藏殿　　　　　　　　（c）护法堂

图 4-71　其他殿宇

（四）建筑装饰

辽阳山东会馆的装饰多为木雕及壁画彩绘（见图4-72）。各个佛殿上的斗拱、雀替及额枋上均装饰有精美的木雕及彩绘。颜色以绿色和金色为主，典雅华贵。雀替上多采用透雕的手法雕刻着游龙戏凤、仙鹤神鹿等内容。砖石雕刻多集中在墀头、牌坊等位置。壁画则多集中在斋堂的廊心墙的位置，绘有壮丽山河。

（a）丰富多彩的木雕及彩绘

（b）砖石雕刻

（c）彩绘壁画

图 4-72　辽阳山东会馆装饰及细部

第三节　其他地区的山东会馆

一、山东青岛齐燕会馆

（一）历史沿革与会馆选址

青岛齐燕会馆的前身为1902年山东黄县商人创建的山东会馆，最初就只有山东籍的商人可以参与，后来又有河北和天津的商人加入，因此后来改名为"齐燕会馆"。会馆建成后，对青岛社会和商业都产生了重大的影响。会馆占地面积较大，有东西两个广场，内部大堂还设有演出厅，很多重要活动和集会都在此举行。除中元节等传统节日活动外，孙中山先生逝世的追悼会、"五卅运动"集会等重大历史事件也在齐燕会馆举行。[①]

1938年，日本占领青岛后，会馆改为"兴亚俱乐部"，主要作为娱乐场所。中华人民共和国成立后，会馆曾用作证券交易所、招待所等，现在被划归为军事管理区。

齐燕会馆选址在馆陶路，主要是受到交通和商业发展的影响。德日租界时期，城市建设往北扩张，在馆陶路、昌邑路、中山路等形成了大量的商铺，馆陶路上更是集中了多家金融机构，俨然是青岛的"外滩"。此外，齐燕会馆还靠近小港码头和胶济铁路青岛站，水陆交通便利。

（二）建筑布局与功能

不同于周边建筑垂直于街道的排布，齐燕会馆则是正东西布局，坐东朝西，正门面朝商业繁华的馆陶路，背靠陵县路。沿着东西向的主轴线布置有正门前小广场、会馆主体建筑、配套建筑、东广场等（见图4-73）。

由于建筑台基和馆陶路之间有着3米左右的高差，因此会馆主广场放在了东侧陵县路，西侧馆陶路则设置了多级台阶，使得位于台基之上的主体建筑更显高大。东侧主广场则是可供万人集会活动的公共场所。会馆的主体建筑是正东西设置，与其他建筑的间距较大，而周边建筑则多与东西街道平行，较为密集（见图4-74）。

图 4-73　齐燕会馆总平面

图 4-74　齐燕会馆门前台阶

---

① 李慧.青岛近代现存会馆建筑研究[D].西安：西安建筑科技大学，2014.

（三）建筑单体

主体建筑是明显的西式风格，会馆建筑整体式地上二层，地下一层。建筑台基采用花岗石砌筑至窗台高度，上部建筑灰墙粉刷，红瓦斜面屋顶。会馆的主入口设置有横向三跨的前柱廊，二层采用的是仿爱奥尼壁柱，顶部设置塔楼（见图4-75、图4-76）。

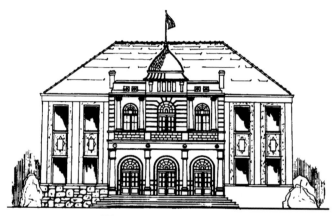

图 4-75　齐燕会馆正立面

（来源于马达：《齐燕会馆：见证革命斗争差点改写中国近代史的建筑》，
青岛日报，2022-03-05）

图 4-76　一层立柱

建筑正立面的构图对称严谨，塔楼四面坡尖顶，为构图制高点。垂直方向三段式构图，底部多级台阶与花岗石基座，正立面主入口突出，一层柱廊，二层露台。据资料记载，建筑内部设有议事厅、演出厅且布置有二层看台。

二、湖南湘潭北五省会馆

（一）历史沿革与选址

鲁商足迹遍布全国，但是在南方地区商帮众多，势单力薄的鲁商则多与其他商帮联合兴建会馆，互相扶持。在湘江边上的湘潭关圣殿就是鲁商与山西、河南、陕西、甘肃等省份商人联合兴建的，因此又被称为北五省会馆（见图4-77、图4-78）。

图 4-77　湘潭北五省会馆区位

图 4-78　湘潭北五省会馆鸟瞰

会馆始建于康熙年间，后又经过清中后期的几次修葺，更加完善壮观，动乱时期部分雕刻被毁，1979年得以修缮成现在的状态，目前会馆已经被列为国家级文物保护单位。

（二）建筑布局与功能

　　会馆坐西北朝东南，面向湘江，水运通达。建筑整体是一路三进的中轴对称式布局。沿主轴线分别分布有山门、戏台、前殿、春秋阁及后殿等主要建筑，两侧还有厢房及外廊。其中春秋阁建在第二进院落，因塑有关帝读《春秋》神像而得名，这也体现了各地商人对于关帝的崇拜。在春秋阁所在的第二进院落前端对称分布一对钟鼓楼，在后殿还设置有园林景观，层次丰富，舒适宜人。会馆平面如图4-79。

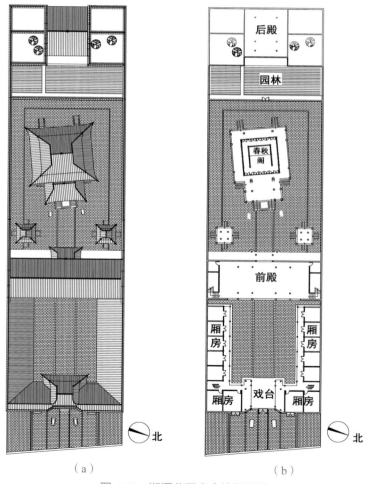

（a）　　　　　　　　　（b）

图 4-79　湘潭北五省会馆平面图

（三）主要建筑的形制与结构

1. 山　门

山门为牌坊式，三门四柱，两侧垂直于河岸设置八字山墙，红漆黑边，气势雄壮。正中开间上方绘有双龙腾飞、祥云花卉等图案，绚丽多彩。门前两侧一对踩珠石狮造型灵动。山门整体开阔大气，高耸挺立（见图4-80）。

图4-80　山门

2. 戏　台

戏台与山门相结合，为重檐歇山式建筑，两层架空，整体通透开阔。底层架空紧贴山门，形成观演的背景空间。第一进院落两侧厢房，二层为观众席，视野开阔（见图4-81）。

图4-81　戏台

3. 正殿（拜殿）

与戏台正对，处于第一进院落、坐北朝南的主体建筑就是会馆正殿（见图4-82）。正殿面阔七间，为双层楼阁式木构建筑。建筑一、二层均设有外廊，二层的开敞式檐廊则可以为观演提供很好的视角与空间。正面4根石柱，其余均为红漆木柱，配之红色栏杆及装饰，显得开敞大气。

图 4-82　正殿

4. 中殿（春秋阁、钟鼓楼）

穿过正殿便进入了第二进院落，院落空间开阔，坐落着春秋阁以及两侧的钟鼓楼。不同于传统的中轴布局，春秋阁与轴线呈约10度的夹角，使得空间更加灵活多变。建筑坐落在花岗岩台基之上，面阔五楹，重檐歇山顶，内部结构采用"举架"做法，屋脊为九举。殿前有一座单檐歇山的过厅，屋顶采用绿色琉璃瓦，与春秋阁主体的黄色琉璃瓦屋顶交相辉映，相映成趣。过厅南侧有一对石狮，栩栩如生，再南侧则为两座六角攒尖钟鼓楼。春秋阁正立面和剖面图如图4-83、图4-84。

图 4-83　春秋阁正立面

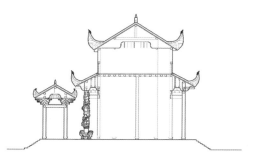

图 4-84　春秋阁剖面图

（四）建筑装饰

　　湘潭北五省会馆建筑装饰精美，以木雕及石雕为主。建筑的木雕主要集中在门窗及室内的天花藻井，精美繁复。除此之外还有各式瓦作，各建筑上的葫芦宝顶，黄绿色的琉璃瓦等都十分精美。在殿内还有各种样式的匾额（见图4-85）。

（a）木雕装饰

（b）葫芦宝顶装饰

（c）牌匾装饰

图 4-85　会馆其他装饰

牌楼式山门以浮雕的手法雕刻有"二龙戏珠""龙凤呈祥"等吉祥图案，生动多彩。石雕装饰处处可见，常见于台阶、石栏板、台阶等处，而其中最精彩的当属春秋阁殿前的缠龙石柱，柱础为赑屃神兽，柱身采用透雕的手法雕刻着栩栩如生的盘龙，其华美精致程度令人惊叹（见图4-86）。

（a）山门浮雕

（b）石狮子

（c）台阶石雕

（d）栏杆石雕

（e）缠龙柱

图4-86　会馆石雕装饰

三、陕西瓦房店北五省会馆

（一）历史沿革与选址

陕西安康瓦房店位于汉水流域，处任河与渚河的交汇口，是重要的南北货物转运点，客商云集，其中就包括鲁商。质朴的鲁商凭借着勤奋将足迹延伸至大江南北。乾隆时期，在瓦房店的鲁商联同山西、陕西、河北、河南等其他四省商人创建了北五省会馆。

会馆选址依山就势，建于河岸边的缓坡之上，台地南侧是面靠河岸的陡坎（见图4-87、图4-88）。现如今会馆保存完好，内部壁画雕刻精彩纷呈，已被列为全国重点文物单位。

图 4-87 瓦房店北五省会馆区位

图 4-88 瓦房店北五省会馆鸟瞰

（二）建筑布局与功能

会馆临河而建，坐西北朝东南，与河岸呈现约45度的斜角。由于会馆整体落于台地之上，且南侧高差达5米，因此山门位置未采用传统中轴布局置于南侧，而是设在东侧，进门便是戏楼与前殿间的前院（见图4-89）。

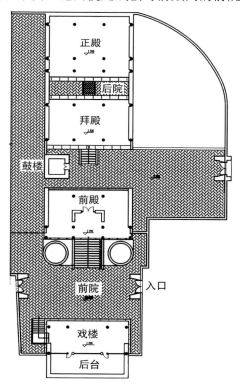

图 4-89 瓦房店北五省会馆平面

　　会馆是一路三进院落式布局，中轴对称，在轴线上自南而北坐落着戏楼、前殿、拜殿、正殿等主要建筑，均面阔三间。前殿与拜殿之间的院落西侧还现存有一座鼓楼。沿轴线方向依地势高低而形成三级的台地。

　　前院为娱乐观演空间，因此院落设置开阔明朗，戏楼坐南朝北，观众面南朝向河岸观看，戏剧演出与山河风景相得益彰。前殿北侧是第二进院落，设置钟鼓楼，东侧钟楼已不存，现院落向东侧延伸与北侧弧形院墙围合成一片开阔空间，开有东侧门。拜殿与正殿之间的有一进深约2米的天井，幽暗闭塞，为祭祀仪式增添了神秘感。二层台地的次入口则成了划分"娱人"与"酬神"空间的分界（见图4-90）。

图 4-90　瓦房店北五省会馆剖面图

（三）主要建筑的形制与结构

　　会馆现存5座殿宇，多为硬山顶抬梁式木构建筑，斗拱大、出檐深远，带有明显北方建筑的特点。

1．戏　楼

　　戏楼位于轴线最南端，坐南面北，以江水山峦为背景，观众则在开敞的前院，有着良好的观看视角。建筑屋顶为半歇山半硬山式（见图4-91），面阔五间进深两间。抬梁式木构。室内有木制隔断分成前后台，两侧有门可供演员出入，与屋顶正脊对应。室内结构砌上露明造（见图4-92）。

（a）　　　　　　　　　　　　　　　（b）

图 4-91　戏楼鸟瞰　　　　　　　　　图 4-92　戏楼前后台结构

2．前　殿

前殿坐北面南，采用的是祠庙山门的形制。殿宇立于台基之上，殿前有13级台阶，两侧植2株百年桂花树，砖石砌筑圆形花坛。殿前立有一座石制牌坊，两侧为石制栏杆。建筑为硬山式屋顶，面阔三间，进深两间，当心间用砖石增设一矮墙用以承重（见图4-93）。

（a）　　　　　　　　　　　　　　　（b）

图 4-93　瓦房店北五省会馆前殿及室内梁架

3．鼓　楼

目前第二进院落仅存一座鼓楼，收山歇山顶，平面方正。楼高两层，一层为青砖砌筑，东设拱门，西设圆窗，层高较矮，幽暗闭塞。二层为亭台式楼阁，4根木柱，四面有透雕木制栏杆，整体小巧精致，通透开阔（见图4-94）。

（a）　　　　　　　　　　　　　（b）

图 4-94　瓦房店北五省会馆鼓楼

4. 拜　殿

　　拜殿面阔三间，整体为砖木混合式建筑，屋顶为硬山卷棚顶，人字山墙南侧收头处升起做歇山顶雕饰，以丰富立面层次。建筑结构部分采用抬梁式，彻上明造（见图4-95）。在柱头、斗拱处做木雕，雕刻有各种动物花卉等。

（a）　　　　　　　　　　　　　（b）

图 4-95　瓦房店北五省会馆拜殿

5. 正　殿

　　穿过拜殿经过一约两米的狭窄天井，便进入会馆的正殿。建筑为七架硬山式屋顶，面阔三间，进深四间，空间深邃神秘。平面方正，开双槽，建筑为砖木混合结构，室内彻上明造，殿内绘有大面积的彩绘壁画，记录了三国故事，精彩绝伦（见图4-96）。

（a）

（b）

图4-96　瓦房店北五省会馆正殿及室内

（四）建筑装饰

建筑装饰以木雕、瓦雕、石雕及各种壁画为主。木雕多在斗拱、柱头等处，雕刻有各种具象的植物花卉、动物瑞兽等。瓦雕以脊兽和山墙雕饰为主，整体以灰瓦为主，素雅质朴。石雕多在墀头、石栏杆等处，殿前石狮子栩栩如生，石栏杆顶的小神兽则灵动可爱。殿内壁画则算是难得的珍宝，殿内共7幅壁画，其中3幅屏风式，修复之后的画面色彩饱满，绘制的各种人物故事、动物花卉等也都十分精致（见图4-97）。

（a）鼓楼檐下木雕

（b）戏楼斗拱木雕

（c）山墙瓦雕

（d）正殿屋脊鸱吻

（e）瓦房店北五省会馆石作

（f）瓦房店北五省会馆内的壁画

图 4-97　瓦房店北五省会馆建筑装饰及细部

第五章
山东会馆现存
状况与保护
思考

第一节　山东会馆现存状况概析

　　山东会馆，作为中国传统文化的载体和历史的见证者，历经风雨沧桑，仍矗立在华夏大地之上。它们不仅是同乡之间的联络纽带，更传承和弘扬了中华民族优秀传统文化。

　　山东会馆分布广泛，不仅在山东省内数量众多，而且在全国各地都有其身影。这些会馆的建筑风格独特，体现了中国传统建筑艺术的精髓。

　　近年来，随着对文化遗产保护意识的提高，各级政府和相关部门加强了对山东会馆的保护力度。一些会馆被列为国家或地方文物保护单位，得到了资金和政策的支持。同时，社会各界也积极参与到会馆的保护工作中来，通过捐款、志愿服务等方式为会馆的保护贡献力量。尽管山东会馆的保护和利用工作取得了一定的成果，但仍面临一些挑战。首先，资金短缺是制约会馆保护的重要因素之一。其次，一些会馆因年代久远、建筑损坏严重等原因，修复难度较大。此外，随着城市化进程的加快，一些会馆的周边环境也发生了变化，给会馆的保护和利用带来了新的挑战。

一、现存山东会馆数量及分布

　　鲁商在明清时期持续兴盛，主要是受到人地矛盾和商品经济发展双重因素的作用。人地矛盾促使人们"弃农从商"，并加速了山东商人走出州县、走出省、甚至走向国外进行商贸活动的进程；商品经济的发展在促进商贸活动的同时也为山东商人在外大量兴建会馆提供了经济基础。

　　笔者通过实地调研及查阅相关历史文献，归纳出中国现存的山东会馆实例约20座，具体分布如图5-1。历史上有记载的山东会馆数量约128座，因调研及资料搜集的局限性，实际数量应远大于此。由此可以看出，能够幸存至今的会馆建筑少之又少。

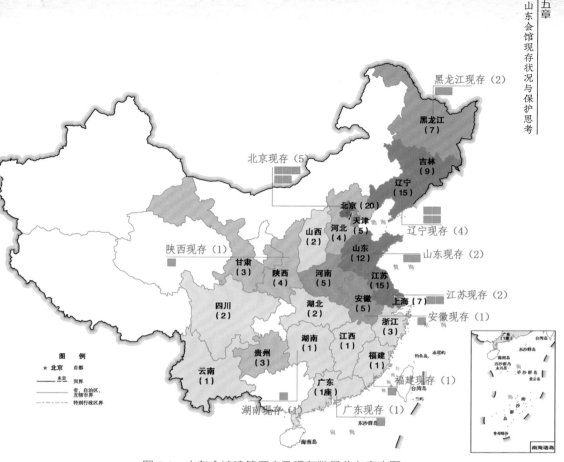

黑龙江现存（2）

黑龙江
（7）

吉林
（9）

辽宁
（15）

北京现存（5）

北京（20）

天津
（5）

辽宁现存（4）

山西
（2）

河北
（4）

陕西现存（1）

甘肃
（3）

陕西
（4）

河南
（5）

山东
（12）

山东现存（2）

江苏
（15）

江苏现存（2）

四川
（2）

湖北
（2）

安徽
（5）

上海（7）

浙江
（3）

安徽现存（1）

云南
（1）

贵州
（3）

湖南
（1）

江西
（1）

福建
（1）

福建现存（1）

广东
（1座）

广东现存（1）

湖南现存（1）

图 例

★ 北京　首都

―――　未定

―――　省、自治区、
　　　直辖市界

- - -　特别行政区界

图 5-1　山东会馆建筑历史及现存数量分布密度图

　　从图5-1中可以看出，山东会馆建筑在全国分布较为分散，其作为地域文化的重要建筑载体，体现了文化的交流与融合，也展现出古代匠人的智慧。然而，受历史变迁和城市化进程的影响，一些山东会馆已经消失或损坏严重。

　　山东会馆作为中国传统文化和历史的重要载体，其现存情况既展现了这些古老建筑的保护、利用状况以及面临的挑战，也展现了其在新时代背景下的发展机遇和前景。我们应该加强对会馆的保护和利用工作，促进其可持续发展和传承。

二、现存山东会馆保护及利用现状

　　山东会馆文化是会馆文化重要的组成部分，其建筑遗存更是难得的实体资料。部分山东会馆因被列为文物保护单位而得到了较好的保护。如北京通州山左会馆，目前院落各建筑保存完整，用以某单位的文物储藏之用。此外还有对会馆建筑的活态利用，如：盛泽济东会馆，修缮改造后作为镇图书室，书香墨韵让古老的会馆焕发新的生机（见图5-2）；海城的山东会馆，异地复建成为市博物馆的展览空间，让人流连忘返；北京西城区山左会馆位于"校场头条"（胡同名称）17号，距离宣武门地铁站不远，被列为了区级文物保护单位（见图5-3）。

图 5-2 济宁盛泽会馆（现在改为图书馆）

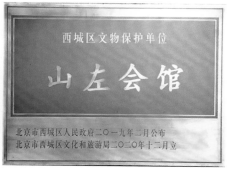

图 5-3 北京西城区山东会馆
被纳为保护单位

　　但是能够得到有效保护的仅是少数，大部分会馆在历史发展过程当中因未得到有力的保护而受损，甚至在城镇化过程中被拆毁成为历史的尘埃。例如海城市腾鳌镇的三省会馆，笔者实地调研过程中发现该处会馆虽然已经被列为市级文物保护单位，但是建筑现状却不容乐观。会馆的主要建筑被居住者用红砖改建，破坏了原有风貌，一些殿宇屋顶倒塌，梁架倾颓，一副破败的景象[如图5-4（a）]。又如金州山东会馆天后宫，曾经是中国北方地区最大的天后宫，民国之后因缺乏修缮而损毁，如今会馆已经被全部拆除，仅存会馆大殿前的一株大树生长在社区小学内[如图5-4（b）]。还有部分会馆长期作为民居杂院使用，并没有得到很好的保护利用。不同地区的会馆标识系统不一，缺乏有效的识别性标志，难以搜寻与调研[如图5-4（c）]。

　（a）腾鳌三省会馆　　　　（b）金州天后宫旧址　　　　（c）北京济南会馆

图 5-4　部分山东会馆建筑保护现状

现存山东会馆的现状因地理位置和历史背景、地方重视程度和保护意识不同而有所差异。在辽宁海城，山东会馆经过异地搬迁和重建，已经复建完成并投入使用。这座会馆位于关帝庙东侧，占地面积达3 000余平方米，建筑总面积740平方米，总投资1 100余万元。全部建筑包括山门、文圣殿、齐鲁堂、九间房、垂花门、游廊等，已经成为当地著名的游览景点。在展厅内，还陈列着海城著名书画家胡炜、李海滨的精美作品，供游客品鉴与学习（如图5-5）。

图 5-5　辽宁海城山东会馆（异地复建）

在北京朝阳区呼家楼南里，山东会馆是区级文物保护单位，是山东省在京的商界人士、施教子女和年迈病残者的养生之地。这座会馆坐北朝南，由东西两院组成，均为硬山灰筒瓦。1986年对会馆进行了修缮并油饰。

另外，在哈尔滨也存在山东会馆，这座会馆建于1915年，占地2 527平方米，是中国古典式建筑，沿街是青砖瓦房和古典式大门脸。馆内尚有旧屋5间和雍正、乾隆年间记述重修会馆的碑刻各1通。

此外，辽阳观音寺在清末民初改建为经商山东会馆。1915年，释济生和尚用600元购回，更复佛教寺院。后相继扩建，至1966年，有正殿、禅堂、娘娘堂、胡仙堂、十方堂、客堂、关帝殿、地藏殿、钟鼓楼等28间。新中国成立后被辽阳广播电视局使用，1983年11月14日，辽阳市人民政府将其列为市级重点文物保护单位，现在已经成为辽阳旅游的重要资源，也是承载传统文化的重要建筑实体。

此外，山东华侨会馆也在积极发挥自身作用，推动国有资产保值增值，为华侨服务提供了坚实的基础支撑。他们加强资产配置预算管理，优化新增资产配置方式，发挥配置标准约束作用，并建立了清查盘点管理机制。同时，他们还积极举办公益活动和文化交流活动，如"粽情四海·礼乐衣裳"——汉服与儒家礼仪文化直播教学活动，"雏雁守护"——2023山东省留学人员行前辅导，等等。

图 5-6　辽宁辽阳山东会馆（现为观音寺）

总的来说，不同地区的山东会馆在保护和利用方面都有所不同，但都承载着丰富的历史和文化内涵，是当地重要的文化遗产和旅游资源。

第二节　山东会馆的当代价值与保护思考

一、山东会馆的当代价值

山东会馆作为中国传统文化和历史的重要载体，其价值不仅体现在文化、旅游、社会、教育等多个方面，而且为现代社会带来了深远的影响。

（一）文化价值

1. 地域文化展示

山东会馆作为山东籍商人和同乡人在异地建立的聚会场所，其建筑风格、装饰艺术等方面都深刻体现了山东的地域特色和文化底蕴。这些独特的元素使山东会馆不仅成为展示地域文化的重要窗口，更成为文化交流互鉴的重要载体。

首先，山东会馆往往兼具实用与美观。它们通常采用中国传统建筑的布局和构造，如四合院、庭院等，同时结合山东特有的建筑元素，如青砖灰瓦、雕梁画栋等，形成了独特的建筑风格。这种风格不仅体现了山东人的务实精神，也展现了他们对美好生活的追求和向往。

其次，山东会馆的装饰艺术也极具地域特色。会馆内部的装饰往往采用传统工艺和技法，如木雕、砖雕、石雕等，内容则多为吉祥图案、历史典故等，寓意深远。这些装饰不仅美化了会馆的环境，也展示了山东人民对传统文化的热爱和传承。

作为展示地域文化的重要窗口，山东会馆吸引了众多游客和学者的关注。通过参观山东会馆，人们可以深入了解山东的历史文化、风土人情以及山东人民的智慧和创造力。同时，山东会馆也为不同地域之间的文化交流提供了平台。来自各地的商人和同乡人在此聚会交流，分享彼此的文化和经验，促进了不同地域之间的文化融合和发展。

2. 传统文化传承

山东会馆作为山东籍商人和同乡人在异地建立的聚会场所，其意义远不止于同乡之间的联络纽带。它更是传统文化的传承地，通过举办各种文化活动、祭祀仪式等，让传统文化得以延续和传承。

首先，文化活动丰富多样。可以通过山东会馆经常举办各类文化活动，如戏曲表演、书法展览、传统手工艺展示等。这些活动不仅丰富了会馆成员的精神生活，也吸引了众多对传统文化感兴趣的民众前来参与。通过参与这些活动，人们可以近距离感受到传统文化的魅力，增强对传统文化的认同感和自豪感。

其次，祭祀仪式庄重肃穆。在山东会馆中，祭祀仪式是不可或缺的一部分。这些仪式通常包括祭祖、祭神等，旨在表达对祖先和神灵的敬畏之情，同时也是对传统文化的传承和弘扬。通过参与祭祀仪式，会馆成员能够深刻感受到传统文化的庄重和肃穆，从而更加珍视并自觉传承传统文化。

总之，山东会馆作为传统文化的传承地，在传承和弘扬传统文化方面发挥了重要作用。通过举办各种文化活动和祭祀仪式等，山东会馆让传统文化得以延续和传承，并促进了不同文化之间的交流与融合。这一宝贵的文化遗产值得我们继续珍视和传承。

（二）旅游价值

1. 旅游景点

山东会馆因其独特的历史文化背景和建筑风格，成为吸引游客的重要景点。游客可以通过参观山东会馆，了解中国传统文化和历史，感受古代社会的风貌。

为了让游客们更好地了解传统文化和历史，还可以在山东会馆内提供丰富的互动体验项目。游客们可以参与传统手工艺品的制作、品尝传统美食、观看传统戏曲表演等，这些活动不仅让游客们亲身体验到传统文化的魅力，也让他们更加深入地了解和认识中国传统文化。

2. 文化旅游开发

通过合理规划和开发，可以将山东会馆与周边景点相结合，形成文化旅游线路，推动当地旅游业的发展。为了充分发挥山东会馆的文化旅游价值，可以将其与周边景点进行有机融合。例如，可以设计一条包含山东会馆、当地博物馆、历史街区等景点的文化旅游线路。游客在游览过程中，可以先后参观这些景点，全面了解当地的历史文化、风土人情和特色美食等。

在设计文化旅游线路时，应注重游客的参与性和体验性。可以设置一些互动环节，如传统手工艺品的制作、传统戏曲的观赏等，让游客能够亲身体验传统文化的魅力。同时，还可以结合当地的特色美食，为游客提供一场视觉、听觉、味觉相结合的全方位文化盛宴。

（三）社会价值

1. 乡情凝聚力

山东会馆的首要功能便是作为同乡之间的联络纽带。在异地他乡，山东籍的人们可能面临诸多困难和挑战，山东会馆便成为他们寻求帮助、分享经验的重要场所。会馆成员之间通过互相扶持、信息共享，共同面对生活中的种种挑战，这种紧密联系无疑增强了乡情凝聚力。

在山东会馆中，互帮互助的传统源远流长。无论是资金、资源还是信息，会馆成员都愿意在力所能及的范围内给予支持。这种互助精神不仅体现了山东人民的团结和友爱，也进一步加深了会馆成员之间的情谊。在互帮互助的过程中，大家共同解决问题、分享喜悦，形成了紧密的乡情纽带。

2. 社会和谐稳定

通过举办各种文化活动、公益活动等，山东会馆可以促进社区和谐稳定，增强社会责任感和使命感。山东会馆还积极参与各种公益活动，如扶贫济困、助学助残、环保公益等。这些活动不仅帮助了需要帮助的人群，也增强了会馆成员的社会责任感和使命感。通过参与公益活动，会馆成员们更加关注社会问题，积极为社会做出贡献，促进了社会的和谐稳定。

（四）教育价值

1. 历史教育

山东会馆作为历史文化遗产的一部分，对于历史教育具有重要价值。学生可以通过参观山东会馆，了解其社会的历史和文化背景，增强历史意识和文化素养。

参观山东会馆不仅可以增强历史意识，还可以提升文化素养。在参观过程中，可以接触到各种传统文化元素和艺术形式，如古代建筑、传统工艺、民间艺术等。这些文化元素和艺术形式都是中华文化的瑰宝，具有独特的艺术魅力和文化价值。通过接触和学习这些文化元素和艺术形式，学生们可以提升自己的文化素养和审美能力，更好地欣赏和传承中华文化。

2. 传统文化教育

通过举办传统文化讲座、展览等活动，山东会馆可以向公众普及传统文化知识，提高公众对传统文化的认识和了解。

综上所述，山东会馆在文化、旅游、社会、教育等方面都具有重要的价值。保护和传承山东会馆，不仅是对传统文化的尊重和弘扬，更是对社会的贡献和担当。

二、山东会馆的保护思考

本书着眼于鲁商文化的视野，对山东会馆建筑进行研究。从地域范围上来说，山东会馆随着鲁商的足迹而遍布大江南北，现存的会馆建筑实例分布北至黑龙江省牡丹江市的宁古塔山东会馆，南至广东省广州市白云区的八旗奉直东会馆，地域空间跨度较大，分布分散。因此，受制于时间、精力以及管理等客观条件，难以对现存山东会馆进行全面调研，样本数量较少也就无法很好地对比分析及研究。尽管如此，笔者在田野调查时走访了苏州、盛泽、通州、丹东大孤山、辽阳、海城、腾鳌、青岛、安康瓦房店、湘潭等山东会馆分布集中的城市，对各地分布的山东会馆有了较为清晰的认知。

本章最开始总结了山东会馆的现状，部分会馆有幸被列为文物保护单位，因而能够得到一定的修缮与保护，有的甚至得到了再利用，被改造为博物馆、图书室等。但是笔者在进行田野调查的过程中也发现了很多的会馆建筑已经完全消失，只能存在于历史文献资料里；有的甚至在询问当地居住的老人之后也难得到明确的信息，比如海城腾鳌镇的三省会馆，在高楼林立的现代建筑之中部分会馆建筑只剩下一副破败景象，实属遗憾。

因此笔者对后续的研究提出两点小小的展望。第一点是从鲁商文化传播的视角来看待山东会馆建筑，需要对鲁商的经商移民路线进行梳理和系统的研究。本文主要是从河运、海运及铁路等方面进行研究，缺乏对于鲁商经商路线及经营内容的全面解读和研究，曾有学者进行过古代山东商人北方商贸活动的历史地理研究，却仍不足以描绘鲁商移民经商路线的全貌。

第二点则是希望能够对会馆建筑，不仅仅是山东会馆建立起一个系统性的保护体系，比如相关保护部门通过制定相关文物认定及保护方案、标准、准则等，赋予会馆建筑应有的保护待遇及文物身份。同时将会馆建筑纳入街区更新的整体化规划中，利用会馆的历史文化价值，打造创意设计空间等。

参考文献

著　作：

[1]　李鑫生. 鲁商文化与中国商帮文化[M]. 济南：山东人民出版社，2010.

[2]　庄维民. 近代鲁商史料集[M]. 济南：山东人民出版社，2010.

[3]　何炳棣. 中国会馆史论[M]. 北京：中华书局，2017.

[4]　白继增，白杰. 北京会馆基础信息研究[M]. 北京：中国商业出版社，2014.

[5]　王日根. 中国会馆史[M]. 上海：东方出版中心，2007.

[6]　许檀. 清代河南、山东等省商人会馆碑刻资料选辑[M]. 天津：天津古籍出版社，2013.

[7]　李华. 明清以来北京工商会馆碑刻选编[M]. 北京：文物出版社，1980.

[8]　赵逵. "湖广填四川"移民通道上的会馆研究[M]. 南京：东南大学出版社，2012.

[9]　赵逵，白梅. 天后宫与福建会馆[M]. 南京：东南大学出版社，2019.

[10]　胡梦飞. 明清时期山东运河区域民间信仰研究[M]. 北京：社会科学文献出版社，2019.

[11]　山东省地方史志编纂委员会．山东省志：交通志[M]．济南：山东人民出版社，1996．

[12]　牛贯杰.17～19世纪中国的市场与经济发展[M]．合肥：黄山书社，2008．

[13]　LIU Kwang-Ching. Chinese merchant guilds： an historical inquiry[M]. Berkeley： University of California Press， 1988.

[14]　LANDA J T. Economic success of Chinese merchants in Southeast Asia[M]． Berlin， Heidelberg: Springer， 2016.

学位论文：

[1]　胡广洲．明清山东商贾精神研究[D]．济南：山东大学，2007．

[2]　张海峰．清代山东商人北方商贸活动的历史地理研究[D]．青岛：中国海洋大学，2010．

[3]　胡雪．明清时期鲁商研究[D]．济南：山东师范大学，2017．

[4]　李慧．青岛近代现存会馆建筑研究[D]．西安：西安建筑科技大学，2014．

[5]　刘金颖．山东地区会馆研究（1660—1950）[D]．济南：山东大学，2015．

[6]　孙向群．身在京华，心系齐鲁[D]．济南：山东大学，2009．

[7]　刘征．北京会馆圣贤祭祀分析[D]．北京：中国艺术研究院，2015．

[8]　白梅．妈祖文化传播视野下的天后宫与福建会馆的传承与演变研究[D]．武汉：华中科技大学，2018．

[9]　程华旸．文化遗产视角下陕南地区会馆建筑研究[D]．西安：西安建筑科技大学，2018．

[10]　董亚杰．丹东大孤山古建筑群建筑装饰艺术研究[D]．沈阳：沈阳建筑大学，2019．

[11]　熊双风．近代山东黄县商人在东北地区的经商活动[D]．长春：东北师范大学，2010．

期刊论文：

[1] 王明德. 明清时期的运河商人会馆[J]. 江苏商论，2010（11）：32-33.

[2] 俞平. 民国时期黑河《旅黑山东同乡会简章》概述[J]. 黑河学刊，2019（1）：45，47.

[3] 吕作燮. 明清时期苏州的会馆和公所[J]. 中国社会经济史研究，1984（2）：10-24.

[4] 刘小萌. 晚清八旗会馆考[J]. 社会科学战线，2017（10）：121-129.

[5] 孙向群. 同乡组织的近代变迁：以旅京鲁籍同乡会为考察对象[J]. 东岳论丛，2009，30（4）：113-117.

[6] 张晓莹. 辽南妈祖信仰的形成[J]. 福建论坛（人文社会科学版），2011（6）：105-109.

[7] 庄维民. 近代山东的商人组织[J]. 东岳论丛，1986（2）：24-29.

[8] 郝毅生，韩玉海. 保定会馆忆旧[J]. 档案天地，2017（9）：60-62，57.

[9] 郭衍莹. 记抗战中的上海山东会馆[J]. 春秋，2010（4）：24-26.

[10] 陈尚胜. 清代的天后宫与会馆[J]. 清史研究，1997（3）：49-60.

[11] 王静. 试论近代天津的山东旅津同乡会[J]. 历史教学（高校版），2007（7）：38-41.

[12] 向福贞. 济宁商帮与金龙四大王崇拜[J]. 聊城大学学报（社会科学版），2007（2）：80-82.

[13] 刘泳斯. 地缘和血缘之间：祖神与"会馆"模式祠堂的建构[J]. 中央民族大学学报（哲学社会科学版），2010，37（1）：82-87.

[14] 罗淑宇. 清代会馆的行规业律与商品经济的繁荣[J]. 经济研究导刊，2010（5）：241-243.

[15] 王日根. 晚清至民国时期会馆演进的多维趋向[J]. 厦门大学学报（哲学社会科学版），2004，54（2）：79-86.

［16］ 李刚，宋伦，高薇. 论明清工商会馆的市场化进程：以山陕会馆为例［J］. 兰州商学院学报，2002（6）：73-76.

［17］ 许檀. 商人会馆碑刻资料及其价值［J］. 天津师范大学学报（社会科学版），2013（3）：15-19.

［18］ 侯宣杰. 商人会馆与近代桂东北城镇的发展变迁［J］. 广西民族研究，2005（2）：187-194.

［19］ YI Junghee（李正熙）. Research on business networks of overseas Chinese textile importers in Colonial Korea[J]. Translocal Chinese: East Asian perspectives, 2015, 9(1): 13-41.

［20］ LIU Y R. The opportunity of a thousand years: Chinese merchant organizations in the Russian Civil War[J]. Kritika: explorations in Russian and Eurasian history, 2018, 19(4): 754-768.

［21］ IVINGS S, QIU D. China and Japan's northern frontier: Chinese merchants in Nineteenth-Century Hokkaido[J]. Canadian journal of history, 2019, 54(3): 286-314.

［22］ ISHIKAWA R. Commercial Activities of Chinese Merchants in the Late Nineteenth Century Korea: with a focus on the documents of Tong Shun Tai archived at Seoul National University[J]. International Journal of Korean History，2009(13): 75-97.

附 录

附录一　历史上中国建立的山东会馆总表[①]

（笔者统计的总数量为 128 座）

编号	地区	名称	具体地点	建造时间	资料来源
1	北京市	山左会馆（省）	宜武区校场头条 17 号	清乾隆年间	白继增著：《北京宣南会馆拾遗》
2	北京市	山东会馆（省）	旧：潘家河沿西 18 号　今：潘家胡同 35 号	清乾隆年间	白继增著：《北京宣南会馆拾遗》
3	北京市	山东试馆（山东同乡会）	西城区上斜街西斜街 36 号	民国初期	胡春焕、白鹤群著：《北京的会馆》；白继增、白杰著：《北京会馆基础信息研究》
4	北京市	山东试馆（省）	旧：东城区鲤鱼胡同　今：建国门北大街西侧	清中期	胡春焕、白鹤群著：《北京的会馆》；白继增、白杰著：《北京会馆基础信息研究》
5	北京市	山东试馆（省）	旧：西顺城街 31 号　今：前门西大街 43 号	民国初期	白继增、白杰著：《北京会馆基础信息研究》
6	北京市	山东试馆（省）	南闹市口大街 9 号院 1 号楼	民国初期	白继增、白杰著：《北京会馆基础信息研究》
7	北京市	山左会馆（省）	旧：同左路南　今：玉带河东街 358 号	清雍正六年（1728 年）	北京市通州区文化馆；白继增、白杰著：《北京会馆基础信息研究》
8	北京市	山东会馆（省）	旧：崇文门大街　今：崇文门外大街	清前期	白继增、白杰著：《北京会馆基础信息研究》

[①]　此表不含我国港澳台地区会馆相关内容。

续表

编号	地区	名称	具体地点	建造时间	资料来源
9	北京市	登莱胶义园公所（府）	旧：千面胡同路 今：登莱胡同31号	清乾隆七年（1742年）	白继增著：《北京宣南会馆拾遗》
10	北京市	济南十六邑馆（府）	烂缦胡同97号	清乾隆末年	白继增著：《北京宣南会馆拾遗》
11	北京市	兖州会馆（府）	广安门内大街	清代	白继增著：《北京宣南会馆拾遗》
12	北京市	青州会馆（府）	门楼巷6号	清代	白继增著：《北京宣南会馆拾遗》
13	北京市	武定会馆（府）	崇文区东交民巷	待考	胡春焕、白鹤群著：《北京的会馆》
14	北京市	山东义园会馆（县）	朝阳区呼家楼南里2号（东三环路附近）	清道光年间	胡春焕、白鹤群著：《北京的会馆》
15	北京市	章丘会馆（县）	校场三条43号	清代	白继增著：《北京宣南会馆拾遗》
16	北京市	寿张会馆（县）	迎新街34号（原址为：延旺庙街）	清代	白继增著：《北京宣南会馆拾遗》
17	北京市	寿张会馆（县）	广安门内大街新6号院	清代	白继增著：《北京宣南会馆拾遗》
18	北京市	汶水会馆（县）	宣武区粉房琉璃街82号	清光绪年间	白继增著：《北京宣南会馆拾遗》
19	北京市	昌邑旅平同乡（县）	旧：冰窖厂路西32号 今：前门东街南段路西	清代	白继增、白杰著：《北京会馆基础信息研究》

续表

编号	地区	名称	具体地点	建造时间	资料来源
20	北京市	齐鲁会馆（商业）	旧：西花市大街东段 今：崇文手帕胡同	清代	胡春焕、白鹤群著：《北京的会馆》；白继增、白杰著：《北京会馆基础信息研究》
21	天津市	山东旅津同乡会	大沽南路365号	1933年	《天津文史资料辑：第56辑》
22	天津市	天津济宁会馆	北门外西崇福寺	清光绪二十一年（1895年）	［清］张焘：《津门杂记》
23	天津市	登莱旅津同乡会义地	南市杏花村庆喜里9号	清光绪二十一年（1895年）建立	《天津文史资料辑：第56辑》
24	天津市	山东鲁北旅津同乡会	天津玉皇阁立人学校内	1946年	《天津文史资料辑：第56辑》
25	天津市	天津粮商公所	—	清光绪二十九年（1903年）	《天津通志》
26	河北省	山东会馆	保定府延寿寺街	清乾隆年间	《保定市北市区地名志》
27	河北省	山东会馆	秦皇岛市	民国五年（1916年）	《秦皇岛港史（修订本）》编委会编：《秦皇岛港史（修订本）》
28	河北省	山东会馆	唐山	待考	靳宝峰、孟祥林主编：《唐山市志（第3—5卷）》

续表

编号	地区	名称	具体地点	建造时间	资料来源
29	河北省	山东会馆	张家口市桥西巷山东馆巷	待考	中国人民政治协商会议张家口市委员会文史资料委员会编:《张家口文史资料 第31—32组》
30	陕西省	西安山东会馆	西安五味什字东段路南杜甫巷之西	清朝光绪年间	张换晓著:《民国西安会馆研究》;《民国成宁长安两县续志:卷七》
31	陕西省	五省会馆	西安盐店街24号	清朝	张换晓著:《民国西安会馆研究》
32	陕西省	山东公寓	西安崇礼路新五号	待考	《清代山东商人北方商贸活动的历史地理研究》
33	陕西省	北五省会馆	安康市紫阳县城瓦房店	清乾隆末年	程华旸著:《文化遗产视角下陕南地区会馆建领研究》
34	山西省	鲁商会馆	晋城市阳城县上伏村	待考	《千年古商道 河阳上伏村》
35	山西省	旗奉燕鲁会馆	山西太原府	待考	《旗奉燕鲁会馆录》
36	甘肃省	兰州山东会馆	兰州木塔巷	清末民初	《兰州古会馆楹联佳作多》
37	甘肃省	八旗奉直豫东会馆	兰州城关区水北门北侧（永昌路）	清光绪十七年（1891年）	民国十三年《甘肃省城全图》
38	甘肃省	八旗奉直豫东会馆	皋兰县北门街	清光绪十七年（1891年）	民国《皋兰县志:卷十一》

续表

编号	地区	名称	具体地点	建造时间	资料来源
39	辽宁省	沈阳山东会馆	沈阳市沈河区山东庙街	清道光十三年（1833年）	清光绪《陪京杂述》
40	辽宁省	营口山东会馆	旧：营口市第十中学 今：得胜社区境内	清咸丰元年（1851年）	《营口春秋》
41	辽宁省	盖平山东会馆	盖平北马道偏东路北	清乾隆三十五年（1770年）	陈尚胜著：《清代的天后宫与会馆》；民国《盖平县志·卷二》
42	辽宁省	山东会馆	大连金州城西南会馆庙街	清乾隆五年（1740年）	《天后宫史迹的初步调查》
43	辽宁省	天后宫（山东会馆庙）	大连复州娘娘庙	待考	《大连市志·民俗志》
44	辽宁省	岫岩山东会馆	岫岩西山真武庙旁	清乾隆年间	《岫岩县志·卷三》《人事·商业》
45	辽宁省	辽阳山东会馆	辽阳市中华大街东	清康熙三十三年（1694年）	《辽阳名胜》
46	辽宁省	海城山东黄县会馆	海城大南门内三学寺	清乾隆元年（1736年）	民国《海城县志》
47	辽宁省	海城牛庄北会馆	海城牛庄	清乾隆年间或更早	民国《海城县志》

续表

编号	地区	名称	具体地点	建造时间	资料来源
48	辽宁省	海城三省会馆	海城腾鳌镇	清乾隆元年（1736 年）	《腾鳌县志》
49	辽宁省	山东会馆	朝阳市凌源城粮食街西头路北	清中期以后	《明清时期鲁商研究》
50	辽宁省	山东同乡会	本溪碱厂镇碱厂村	清末	《本溪碑志》；山东同乡会义冢碑刻
51	辽宁省	丹东东沟县山东会馆	丹东东沟县大孤山天后宫内	清乾隆二十八年（1763 年）	中国戏曲编辑委员会编：《中国戏曲志·辽宁卷》
52	辽宁省	山东会馆	铁岭关帝庙	清康熙初年	［清］魏燮均著：《山东会馆公议记》；王德金主编：《铁岭文史资料 第23 辑》
53	辽宁省	山东会馆	抚顺市	待考	抚顺市社会科学院编：《抚顺市志：第六—八卷（商贸卷 经济管理卷 社会生活卷）》
54	吉林省	吉林市山东会馆	吉林市迎恩街	清道光年间	《吉林市市区文物志》
55	吉林省	吉林市山东会馆	南窑坑，吉林市昌邑区青年路殡仪馆附近	清光绪十八年（1892 年）	周克让著：《吉林话旧》
56	吉林省	长春山东会馆	长春东西三道街	清末民初	《长春县志》

编号	地区	名称	具体地点	建造时间	资料来源
57	吉林省	山东同乡会	长春东门外龙王庙	清宣统元年（1909年）	《长春日报》
58	吉林省	抚松山东会馆	抚松县	待考	抚松县地名志编辑委员会编：《抚松县地名志》
59	吉林省	山东会馆	地点不详	清乾隆十年（1753年）	刘信君著：《吉林社会通史》
60	吉林省	山东会馆	延吉市	待考	延吉市地方志编纂委员会编：《延吉市志》
61	吉林省	山东会馆	敦化县	待考	延边朝鲜族自治州文管会办公室、延边朝鲜族自治州博物馆编：《延边文物资料汇编》
62	吉林省	山东会馆	通化市	待考	中国人民政治协商会议吉林省通化市委员会文史资料研究委员会编：《通化文史资料：第1辑》
63	黑龙江省	哈尔滨山东会馆	道外区太古十道街（今惠民小学所在地）	1915年	哈尔滨市道外区地方志编集委员会编：《道外区志》
64	黑龙江省	哈尔滨直东会馆	傅家甸北四道街	清宣统三年（1911年）	李朋著：《清末民初黑龙江移民史研究》
65	黑龙江省	鲁人旅哈学校	哈尔滨道外区江畔路	1912年	《明清时期鲁商研究》
66	黑龙江省	掖县会馆	哈尔滨市鱼市胡同道外区北二道街	民国元年	《鱼市胡同的记忆》

续表

编号	地区	名称	具体地点	建造时间	资料来源
67	黑龙江省	山东会馆	哈尔滨市裤裆街	清同治九年（1870年）左右	《哈尔滨老街的历史痕迹》
68	黑龙江省	黑河山东同乡会	黑河市中央街西段	清宣统三年（1911年）	《瑷珲县志》
69	黑龙江省	宁古塔山东会馆	牡丹江市宁古塔新城东北	清康熙年间	张欣阳著：《牡丹江市历史文化旅游资源探究》；宁安渤海镇香炉鼎铭文
70	山东省	福德会馆	山东省济南市	清嘉庆二十二年（1817年）	《济南文史资料选辑：第10辑》
71	山东省	登州会馆	济南市魏家庄100号及102号	待考	中国人民政治协商会议山东省济南市委员会文史资料委员会编：《济南文史资料选辑：第10辑》
72	山东省	山绸会馆	山东省临沂市	清咸丰年间	《临沂地区志》
73	山东省	淤陵会馆	聊城阳谷阿城镇	清乾隆年间	王云著：《明清山东运河区域的商人会馆》
74	山东省	北会馆	聊城阳谷阿城镇	待考	王云著：《明清山东运河区域的商人会馆》
75	山东省	山左会馆	山东省滨州市	清乾隆三十二年（1767年）	咸丰《武定府志·卷二十六》
76	山东省	烟台市掖县会馆	山东省烟台市	待考	《老烟台商会详史稿》

续表

编号	地区	名称	具体地点	建造时间	资料来源
77	山东省	青岛市掖县会馆	青岛市无棣路	19世纪20年代	《青岛故事》
78	山东省	齐鲁会馆	青岛市芝罘路和四方路附近	清末民初	李革新著：《讲述青岛的故事》
79	山东省	齐燕会馆	青岛市馆陶路13号	1906年	《青岛市志》
80	山东省	济阳会馆	山东省济宁市任城区	清朝中期	济宁玉堂酱园现存石碑
81	山东省	潍县山东会馆	山东省潍坊市潍县	待考	解维汉编选：《中国衙署会馆楹联精选》
82	河南省	开封山东会馆	开封市省府后街	清同治年间	《支那省别全志》
83	河南省	郑州山东会馆	位置不详	清末民国年间	张海峰著：《清代山东商人北方商贸活动的历史地理研究》
84	河南省	清化大王庙	博爱县清化镇	明隆庆五年（1571年）	《敕封黄河福主金龙四大王庙碑记》
85	河南省	清化镇四省会馆	博爱县清化镇	待考	徐春燕著：《清代河南地区的会馆与商业》
86	河南省	祥符县山东会馆	河南省祥符县	待考	《光绪河南祥符县志：卷一·奥图志》
87	安徽省	潇江会馆	安徽省芜湖市	待考	民国《芜湖县志：卷五城厢》
88	安徽省	芜湖山东会馆	安徽省芜湖市	明末	民国《芜湖县志：卷五城厢》

续表

编号	地区	名称	具体地点	建造时间	资料来源
89	安徽省	亳州山东会馆	安徽省亳州市	待考	亳州市政协编：《亳州名城名胜》；余树民编著：《亳州风土民情》
90	安徽省	滁州山东会馆	安徽省滁州市	民国	滁州市地方志编纂委员会编：《安徽省地方志丛书 滁州市志：第1册》
91	安徽省	蚌埠山东同乡会	安徽省蚌埠市现中心血库处	待考	安徽省蚌埠市中市区政协学习和文史资料委员会编：《中区文史资料：第1辑》
92	江苏省	南京山东会馆	南京讲堂大街、江宁府讲堂大街西首陡门桥	待考	《金陵杂志·会馆志》
93	江苏省	苏州东齐会馆	苏州市山塘街	清康熙二十年（1681年）	《重修东齐会馆碑记》
94	江苏省	盛泽济宁会馆	苏州市吴江盛泽镇	清康熙十六年（1677年）	《吴江盛泽镇济宁馆置田建庙记》
95	江苏省	盛泽济东会馆	苏州市吴江盛泽镇	清康熙二十年（1681年）	《重修济东会馆碑记》（民国十三年［1924年］十一月）
96	江苏省	江鲁公所	苏州府间门外十一都／晋门外江鲁巷	清乾隆四十六年（1707年）	《明清时期鲁商研究》

编号	地区	名称	具体地点	建造时间	资料来源
97	江苏省	枣商会馆	苏州府间门外鸭蛋桥	清乾隆年间	《明清时期鲁商研究》
98	江苏省	山东会馆	江苏省苏州市	清光绪年间	《明清时期鲁商研究》
99	江苏省	东乔会馆	苏州毛家桥西	清顺治年间	《桐桥倚棹录：卷六·会馆》
100	江苏省	山东会馆	江苏省镇江市	待考	《江苏地方志》
101	江苏省	北五省会馆	镇江黄山北路近宝塔路	清后期	张礼恒主编：《鲁商与运河商业文化》
102	江苏省	山东行馆	淮安府黄河北岸王家营	待考	《明清时期鲁商研究》
103	江苏省	窑湾山东会馆	徐州窑湾古镇徐州	清康熙十年（1671年）	《窑湾商会文化之山东会馆》
104	江苏省	盐城山东会馆	江苏省盐城西门外	待考	江苏省盐城市委员会文史资料研究委员会编：《盐城文史资料选辑：第1辑》
105	江苏省	新浦山东同乡会	连云港市海州区浦东街道办事处市民社区新民路9号	1932年	《创建新浦天后宫碑记》；《新浦老街：鲁商对连云港早期发展的历史影响》
106	江苏省	淮阴山东会馆	清江河北路	时间不详	淮阴市公路管理处编史办公室，淮阴市公路史[M].1989
107	上海市	登莱公所	上海宝山县	清道光年间	金民著：《清代前期上海的航业船商》

编号	地区	名称	具体地点	建造时间	资料来源
108	上海市	丝绸业公所	松江府上海县山海关路新闸大王庙后	1910 年	《明清时期鲁商研究》
109	上海市	东鲁会馆	松江府上海县虹口	清光绪三十一年（1905 年）	《明清时期鲁商研究》
110	上海市	山东公所	松江府上海县大东门内大街 31 号	待考	《明清时期鲁商研究》
111	上海市	关山东公所	上海县城西	清顺治年间	《关山东公所义冢地四至碑》
112	上海市	山东会馆	上海吕班路上海卢湾区自中路重庆路南口	清顺治年购买义地，光绪三十二年（1906 年）建馆	《山东至道堂征信录》《民国上海县续志：卷三·建制志》；《山东会馆石狮记》；《嘉定碑刻集·上》
113	上海市	报关业公所	上海南市蓬莱路	清宣统三年（1911 年）	报关行同业商人所建，山东籍居多数上海地方志办公室编：《上海通志：第四十六卷第三章》
114	浙江省	山东会馆	杭州陆官巷	清宣统二年（1910 年）	《支那省别全志》；钟毓龙编著：《说杭州：下》
115	浙江省	山东新馆	杭州新开弄口	待考	阙维民编著：《杭州城池暨西湖历史图说》；《建国前后公路管理机构设置》
116	浙江省	梁山会馆	宁波港区内	待考	郑绍昌主编：《宁波港史》

续表

编号	地区	名称	具体地点	建造时间	资料来源
117	湖北省	山东会馆（武昌）	武昌北斗桥北	清代	《同治上江两县志：卷五·城厢》
118	湖北省	齐鲁公所（汉口）	武汉汉口戏子街	清代	民国《夏口县志：卷五·建制志》
119	江西省	山东会馆	江西铅山县河口镇镇南	明末	万历《铅山县志》
120	湖南省	北五省会馆	湘潭市雨湖区平政路 392 号	清康熙年间	《湘潭文物保护单位之旅——北五省会馆》
121	四川省	燕鲁公所	成都平原区	清代	《明清时期鲁商研究》
122	四川省	山东会馆	成都市锦江区金玉街	清代	《明清时期鲁商研究》
123	广东省	八旗奉直东会馆	广州市东山区八旗二马路北侧	清光绪九年（1883 年）	刘小萌著：《晚清八旗会馆考》
124	福建省	八旗奉直东会馆	福州市鼓楼区道山路	清乾隆年间	刘小萌著：《晚清八旗会馆考》
125	贵州省	冀鲁豫会馆	贵州镇远	清嘉庆年间	《贵州通史》
126	贵州省	山东会馆	贵州清镇	待考	清镇市民政局编：《中华人民共和国政区大典：贵州省清镇市卷》
127	贵州省	北五省会馆	贵阳市陕西路	清代	贵阳市历史学会编：《贵阳故事贵阳地名趣说》
128	云南省	八省会馆	昆明五华山南麓	1907 年	《支那省别全志》

附录二 中国现存山东会馆总表①

（笔者统计的总数量为 20 座）

编号	会馆名称	具体位置	简介概述	保护等级	图片
1	北京山左会馆	北京市西城区校场头条 17 号，校场三条 43 号	山左会馆建于清道光二十九年（1849 年），咸丰以后定期举行隆重的祭孔仪式。现在为北京市西城区区级文物保护单位	区级文物保护单位	
2	北京山东会馆（顺天府通州县南关三义庙）	北京市通州区玉带河东街 358 号中仓街道成人教育中心院内	通州山左会馆于清雍正六年（1728 年）在原三义庙旧址重修，以庙为址修建会馆，2001 年被公布为通州区文物保护单位	区级文物保护单位	
3	北京海阳义园会馆	北京市朝阳区呼家楼南里 2 号（原八里庄大队陈家林生产队辖域呼家楼部分）	会馆始建于清道光二十五年（1845 年），该义园由山东海阳籍旅京人士王乐羲、李天阶倡建。1986 年被朝阳区人民政府公布为朝阳区文物保护单位	区级文物保护单位	

① 此表不含我国港澳台地区会馆相关内容。

续表

编号	会馆名称	具体位置	简介概述	保护等级	图片
4	北京登莱胶义园会馆	北京市西城区广安门莱登胡同29号	明万历三十年（1602年）重修，清乾隆六十年（1795年）大修。宝应寺曾改为山东登州、莱州、胶州三州义园，现四大殿及偏院仍在，为宣武区重点保护文物	区级文物保护单位	
5	北京济南会馆	北京市西城区烂缦胡同97号	烂缦胡同在清代设有很多供外省举子进京会试居住的会馆，济南会馆位于97号，现在为民居	未纳入保护单位	
6	陕西北五省会馆	陕西省紫阳县向阳镇瓦房店，东距紫阳县城7.5千米	北五省会馆由山西、陕西、山东、河南、河北五省商号捐资修建，故有"北五省会馆"之称，为第七批国家重点文物保护单位	国家级文物保护单位	

续表

编号	会馆名称	具体位置	简介概述	保护等级	图片
7	辽阳山东会馆（观音禅寺）	辽宁省辽阳市中华大街东段	辽阳山东会馆原址为明代"御库"，俗称金银库。清康熙三十三年（1694年）始建观音寺。清末民初，改建为山东会馆，1915年，复为佛教寺院，现为市级文物保护单位	市级文物保护单位	
8	海城山东会馆	鞍山市海城大南门内关帝庙东侧	山东会馆即海城天后宫，清乾隆元年（1736年）由山东黄县商人所建，原会馆位于三学寺西南，现会馆位于山西会馆东侧复建为海城市博物馆	异地复建	
9	海城腾鳌三省会馆	鞍山市海城腾鳌镇滨河公园小区后	该会馆为鲁商与山西、直隶商人合建的三省会馆，又称三会公所；始建于清乾隆初年，是各商帮议事会谈的场所	县级文物保护单位	

续表

编号	会馆名称	具体位置	简介概述	保护等级	图片
10	丹东山东会馆	丹东市东港市大孤山天后宫内	清末民初时期，辽宁丹东东沟县山东会馆曾设于大孤山天后宫内。大孤山天后宫始建于清乾隆八年（1744年），光绪六年（1880年）曾被大火烧毁后重建	省级文物保护单位	
11	黑龙江哈尔滨掖县会馆	哈尔滨鱼市胡同50米处，道外区北二道街	哈尔滨掖县会馆建于19世纪三四十年代，闯关东者以山东人居多，多来自胶东半岛，以居住在海边的黄县（今龙口）人、掖县（今莱州）人为主	未纳入保护单位	
12	黑龙江宁古塔山东会馆	黑龙江宁安市渤海镇宁古塔新城东北处	宁古塔山东会馆始创建于康熙年间，目前仅存座正房和一座西厢房，为道光年间所建	区级文物保护单位	

续表

编号	会馆名称	具体位置	简介概述	保护等级	图片
13	山东聊城阿城东会馆（淤陵会馆）	山东聊城阿城镇海会寺东北角	阿城於陵会馆又名东会馆，也称为周村会馆（周村地属长山，於陵系长山旧名），位于阿城镇海会寺东北角，西距运河约300米	未纳入保护单位	
14	山东青岛齐燕会馆	山东省青岛市市北区馆陶路13号	齐燕会馆的前身是山东会馆，1920年由山东黄县人傅炳昭等人创建，后来由于河北籍的商号加入改为齐燕会馆，青岛解放后，会馆旧址由海军使用，现为山东省文物保护单位	省级文物保护单位	
15	江苏苏州东齐会馆	江苏苏州山塘街552号	苏州东齐会馆始建于清顺治年间，由胶州、青州、登州三地旅苏商人创建，乾隆年间重修，咸丰十年（1860年）毁于兵火。现残存门墙、旧屋和碑刻	市级文物保护单位	

编号	会馆名称	具体位置	简介概述	保护等级	图片
16	江苏苏州吴江盛泽济东会馆	江苏苏州吴江盛泽镇斜桥街	济东会馆坐落在斜桥街，由济南府人于嘉庆年间所建。现存建筑为民国十二年（1923年）重修，1986年7月被列为吴江市文物保护单位	区级文物保护单位	
17	湖南省湘潭北五省会馆	湖南省湘潭市雨湖公园平政路	会馆建于清康熙年间，是山西、河南、山东、陕西、甘肃北方五省商人在湘潭的聚集地，因而又称北五省会馆。该会馆于2013年被列为全国重点文物保护单位	国家级文物保护单位	
18	广东八旗奉直东会馆（神山卢氏大宗祠）	广州市白云区神山镇	该会馆是清朝辽宁、河北、山东三省官宦在广州建立的会馆，原址坐落在现广州八旗二马路，后经市政府拍卖，被卢氏族人收购，1948年拆建成为神山卢氏大宗祠	区级文物保护单位	

编号	会馆名称	具体位置	简介概述	保护等级	图片
19	福建八旗奉直东会馆	福州市鼓楼区道山路西段北侧，面向乌山	该会馆最早是由来闽满汉官员所建，后山东人参与，会馆全名改为"奉直东会馆"，其中，东即山东。该建筑现在为市级文物保护单位	市级文物保护单位	
20	滁州山东会馆	滁州市	民国时期由旅居滁州的山东商人所建造，目前会馆为民居	未纳入保护单位	

后记

  中国古代的文化交流多依托于文化线路，而文化线路的展开则是基于古代的交通路线。黄河、长江、汉水、运河，纵横交织，构成了中国文化交流的骨架，而散布其间的水运通道、官道驿路则交织成细密的毛细血管，孕育着丰富绚烂的中华文明。建筑及村落是文化历史的实证载体，会馆更是这种文化交融过程中的杰出代表。笔者对于山东会馆的研究也多从文化线路与交流的视角出发，沿着古代的文化脉络抽丝剥茧，慢慢展开。

  《山东会馆》作为本丛书的重要组成部分，其研究的内容和方法与丛书一脉相承。本书既注重研究文化线路上的建筑交流与传承关系，也重视挖掘会馆建筑的文化内涵，以期为会馆建筑的保护提供整体性的思路。

  齐鲁大地，孔孟之乡，儒教滥觞之地，儒家文化等传统文化在鲁商身上留下了深刻的烙印，由鲁商所兴建的山东会馆自然而然也留下了儒家文化的影子。鲁商作为兴建山东会馆的主力，在人地矛盾与经济发展双重因素作用下，在"通官道、走运河、兴海运"的便利交通体系下走出本省，走向全国，为山东会馆的全国分布奠定了基础。原本作为鲁籍官绅聚会场所的会馆，逐渐发展为科举试馆，并在科举制废止以及商品经济发展的过程中演变为工商业会馆。在功能方面，山东会馆在实现"祀神明，合众乐，订公约，行善举"等传统功能的同时还具有教育和政治两大功能；而在分类方面，则可以总结为"省府州县多级并存，同乡同业多元共生"的特点。

  作为鲁商文化最具代表性的物质载体，山东会馆数量的空间分布特征则可以反映鲁商活动的密集程度，从而印证鲁商文化的传播路线。鲁商文化传播的路线，以省内"西部运河、东部沿海"两个中心为出发点，形成了"沿运河北至京津，南抵江浙；通海运北抵关东，南达闽粤"的传播路线。在此基础上对山东会馆的分布进行研究加以印证，以运河和海运为线索，形成了"纵贯南北、直抵关东"的分布特征。

山东会馆的建筑空间及形态特征的共性体现在会馆选址、平面布局、空间格局等方面。而山东会馆之间也存在不同维度的差异性，主要体现在不同地域、不同地形、不同风格上。

人们在被会馆建筑的华美装饰震撼的同时，也应该了解会馆建筑背后的历史与文化，从中体会到古人的内心世界。本书希望能从专业的角度去深刻地剖析山东会馆，也对这种承载在建筑实体上的精神气质进行探索。